国外建筑设计译丛

城市文脉中的张拉建筑

[德]鲁迪·舒尔曼　基思·博克瑟　著
谭　锋　译

中国建筑工业出版社

著作权合同登记图字：01-2003-1161号

图书在版编目（CIP）数据

城市文脉中的张拉建筑／（德）舒尔曼，博克瑟著；
谭锋译.—北京：中国建筑工业出版社，2006
（国外建筑设计译丛）
ISBN 7-112-08026-6

Ⅰ.城... Ⅱ.①舒...②博...③谭... Ⅲ.①悬索结构－结构设计
②膜形扁壳－结构设计 Ⅳ.TU351.04 ② TU330.4

中国版本图书馆CIP数据核字（2006）第007873号

This edition of Tensile Architecture in the Urban Context by Rudi Scheuemann and Keith Boxer is published by arrangement with Elsevier Science Ltd, The Boulevard, Langford Lane, Kidlington, OX5 1GB, England

本书由英国Elsevier出版社授权翻译出版

责任编辑：程素荣
责任设计：赵明霞
责任校对：李志立 张 虹

国外建筑设计译丛
城市文脉中的张拉建筑
［德］鲁迪·舒尔曼 基思·博克瑟 著
谭 锋 译
*
中国建筑工业出版社出版、发行（北京西郊百万庄）
新华书店经销
北京嘉泰利德公司制版
北京方嘉彩色印刷有限责任公司印刷
*
开本：787×1092毫米 1/16 印张：14 字数：330千字
2006年6月第一版 2006年6月第一次印刷
定价：48.00元
ISBN 7-112-08026-6
(13979)

（邮政编码100037）
本社网址：http://www.cabp.com.cn
网上书店：http://www.china-building.com.cn

目 录

前　言

本书中的张拉膜建筑和张拉结构是指表面张拉结构，该类结构通过两个方向的曲率来获得平衡。例如：薄膜结构和索网结构。虽然气承式结构和气辅式结构严格说来属于表面张拉结构，并且在该领域中已经取得了巨大的发展，但是为了清楚起见，本书中不涉及气承式结构和气辅式结构。

本书的主题就是薄膜结构和索网结构在城市应用中的发展。

通过研究传统的非直线几何形状的建筑，我们的目的是展示当寻求直线型和曲线型的几何形状相结合的方法时，传统建筑是如何作为我们的灵感源泉的。本文同样包含一些工程的案例研究，这些工程对张拉建筑在城市中的应用具有一定作用，虽然它们在城市文脉中并不都是重要的建筑。我们的目的是给予那些缺乏张拉结构知识的人一些关于完全封闭张拉建筑的设计过程及细部设计方面的启示。

当我们在喀尔斯鲁厄（Karlsruhe）（德国西南部一城市）和巴斯（Bath）大学学习建筑学时对张拉结构产生了兴趣。受到弗赖·奥托

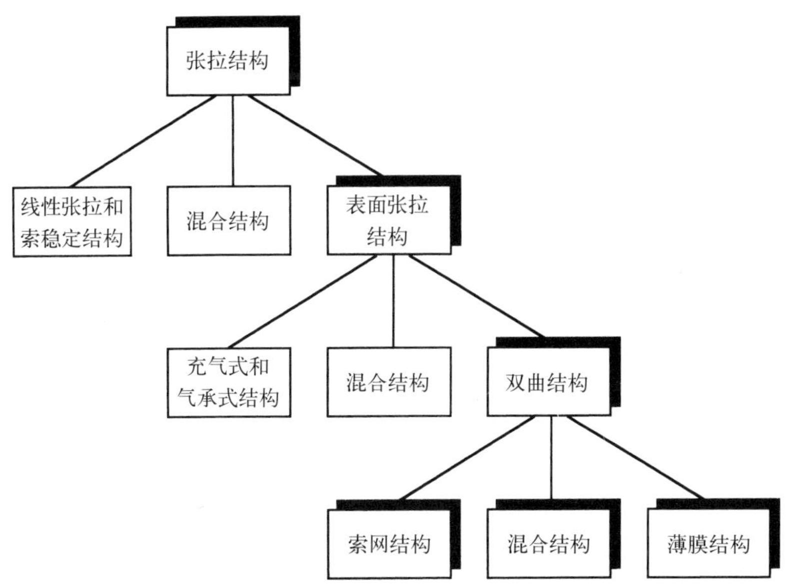

张拉结构的分类

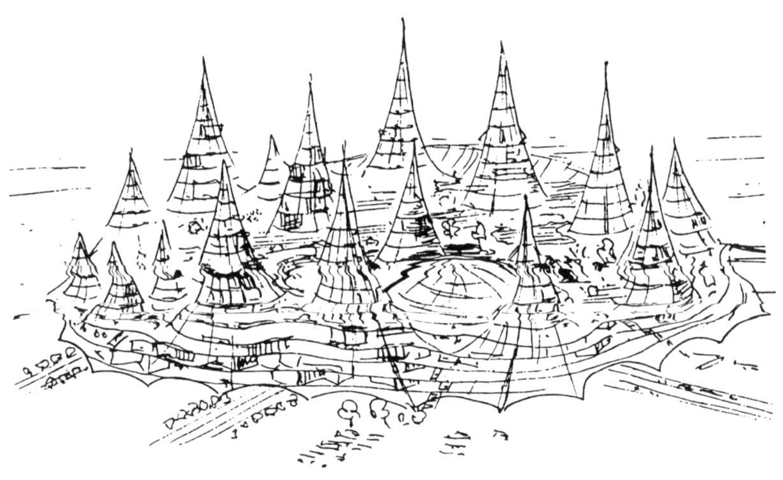

弗赖·奥托提出的悬浮城市

(Frei Otto) 的作品和建筑师的近期作品如伦佐·皮亚诺 (Renzo Piano) 的启发，我们试图设计一些与轻质薄膜相结合的建筑。作为学生，常常被技术知识缺乏所困扰，并且通过书店和图书馆查找有关课题的信息也遇到许多困难。我们发现，无论是在英国还是在德国很难看到关于薄膜结构使用的切实可行的建议方面的文章，特别是用在与传统结构相结合的方面。我们找到了关于张拉建筑的少量图书涉及到弗赖·奥托的作品和轻型结构协会已经是10～15年前的，不太实用，而且大多数已经绝版。弗赖·奥托的第一本书*Das Hängende Dach* (Deutsche Verlags-Anstalt，Stuttgart) 最近又要再版发行，我们向大家推荐这本重要的书籍，该书是有关表面张拉结构技术发展的较详细资料的原始研究。

在巴斯大学学习的时候，我们很幸运能有机会在布罗·哈波尔德 (Buro Happold) 工程师事务所工作。在那里，我们学到了许多关于表面张拉结构的实用知识。那时，在体育场和大跨度屋盖工程中结构的形式得到发展，但建筑上对薄膜的应用仍然较少。

作为建筑师，我们在应用薄膜形成封闭建筑方面得到了锻炼。对我们来说，现有的建筑语言能够被扩展变得清晰了，特别是将传统建筑与表面张拉结构相结合，而不是视为相互对立的两个元素。

张拉建筑在城市的形成中能否起作用并能作为单体建筑的使用，这一研究理念是由巴斯大学的迈克尔·布劳恩 (Michael Brawne) 教授提出的。根据我们的了解，仅有的两个关于张拉建筑在城市中应用的提议是弗赖·奥托的悬浮城市项目和阿基格拉姆学派的激进的巨型结构主义者的构想。然而，我们接受的观点是当代城市的发展最好是

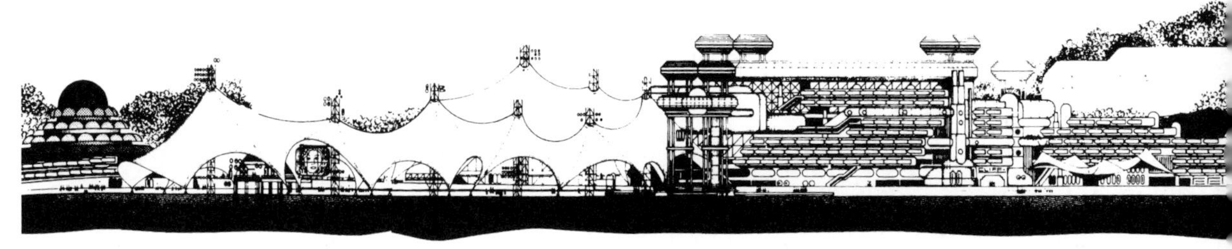

伯恩矛斯看台 1970～1971 年，阿基格拉姆学派一位激进的巨型结构主义者的概念图

逐渐地前进，而不是突然地变革，并且，我们认为张拉建筑若要成为我们城市未来的一部分，今天，它必须在城市中找到它的位置。

我们并不认为张拉结构能够适合于城市中各种类型的建筑，以我们的观点来看，部分原因是由于张拉建筑的特殊性能所引起的对比性。我们的目的仅仅是告知和启发那些人，那些像我们一样猜想在未来城市中新一代的轻型张拉结构所扮演的角色的人。

鲁迪 · 舒尔曼
基思 · 博克瑟

致　谢

如果没有下面这些人和组织的帮助，本书的出版是无法实现的，谨致以深深的谢意：

Alison Brooks and Ron Arad
Anna Oresten
Atelier One, with Neil Thomas
Atelier Ten
Butterworth Architecture, with Caroline Mallinder, Paddy Baker, Diane Chandler and Renata Corbani
Buro Happold, with Ian Liddell, Rüdiger Lutz and Paul Romain
Club de la Structure Textile, with Marc Malinowsky
C.W. Fentress/J.H. Bradburn and Associates
Downs Archambault
DY Davies, with Vernon Almeida
Foster Associates, Robin Partington
Frei Otto
FTL Associates, with Nicholas Goldsmith, Tod Dalland and Craig Schwitter and Jeanne LaPrelle
Geiger Engineers
Herron Associates, with Ron Herron, John Randal, Renée Hodgkinson
IPL, with Harald Mühlberger and Hartmut Ayerle
Jürgen Egeling
Koit Konstruktive Membranen, with Klaus-Michael Koch
Lifschutz Davidson, with Alex Lifschutz
Michael Brawne
Michael Hopkins and Partners, with Alan Jones
Ove Arup and Partners, with Brian Forster and Pauline Shirley
Renzo Piano Building Workshop, with Bernard Plattner and Francois Bertolero
RFR
Riken Yamamoto
Samyn Associates, with Philip Samyn
Sarah Jackson
SL, with Bodo Rasch, Jürgen Bradatsch, Ben Kaser and Sabine Schanz
Tensys, with David Wakefield
Thomas F. Hohn
Thorsten Bürklin
Valode et Pistre et Associés, with Caroline Heylliard
Zeidler Roberts Partnership

1 导言

在可利用的能源范围内达到最经济实用的效果，这一愿望产生了寻找一种用最少的材料和时间获得最大效益的结构。这种寻找经常导致惊人的结果。提供、利用和扩展居住空间是每一个建造商的任务。在此，建筑材料自始至终是一种工具，尽管它们具有占据空间的缺点，或者由于它们的刚性以及自然趋势与变化相对抗。因此，减少并消除建筑材料的这些缺点是一项极其重要的任务。

弗赖 · 奥托《张拉结构》

贯穿整个历史，新材料和建造技术的出现经常使得建筑的设计师重新思考，有时甚至重新形成建筑的真正意义。张拉建筑作为一种新的建筑形式，由于其用较少的材料就能跨越较大的距离，因此，在过去的40年中它得到了较大的发展。人们经常寻求一种利用较少的材料来建造建筑物的方法，用巴克敏斯特 · 富勒（Buckminster Fuller）的话来说就是“多与少”（more with less）。建筑师和工程师均受到这种思想的启示。作为建筑物表皮，维护结构的预应力索网和薄膜结构具有很大的潜能，自从德国建筑师／工程师弗赖 · 奥托和他的合作者第一次将传统的帐篷提升到现代建筑类型的高度上，这一潜能在建筑领域中期待着获得更为广泛的应用。

弗赖 · 奥托和张拉形式的发展

20世纪50年代，弗赖 · 奥托在德国提出了一个设计预应力薄膜结构的理论。1955～1972年期间，在德国帐篷制作公司斯托姆尔(Stromeyer)的支持下，奥托和他的合作者制作了大量的小型实验性薄膜结构。在这早期的一系列创新结构中，第一个展现在公众面前的是1955年建造的位于卡塞尔（Kassel）联邦花园展览中心的一个临时露天音乐广场(图1.1)。这个简单的马鞍形结构是通过在两个高点和两个低点之间形成张拉帆布，这样的双曲面形式给人以动态的感觉。1957年，更复杂的预应力薄膜结构出现在科隆（Cologne），同一年，在柏林举行的国际建筑展览上也出现了新的薄膜结构(图1.2～1.4)。

图 1.1
1955 年建成的卡塞尔联邦花园展览中心的临时露天音乐广场

图 1.2
1957 年科隆联邦花园展览中心拱形入口

图 1.3
1957 年科隆联邦花园展览中心舞池凉亭

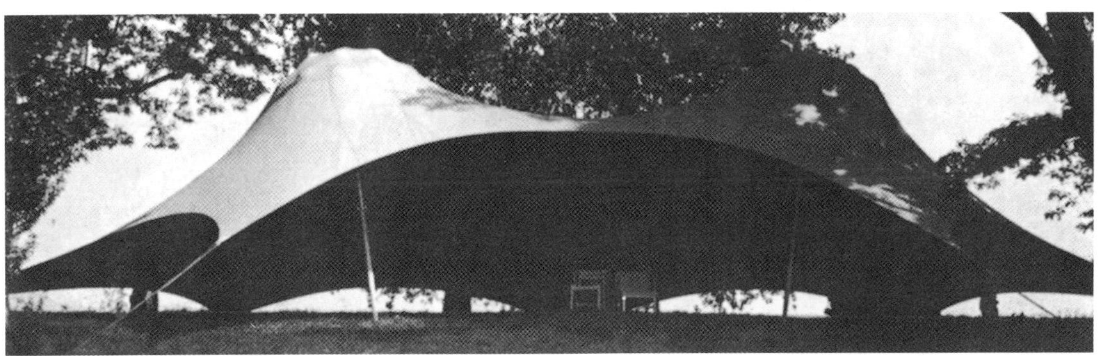

图 1.4
1957 年科隆联邦花园展览中心双峰凉亭

在1963～1967年期间，弗赖·奥托进一步发展了表面张拉结构的形式和技术。1964年，在洛桑，由于钢索网的使用使得在薄膜中施加较小的应力即能实现较大的跨度（图1.5）。对这些早期结构的进一步了解又会使得新发现的结构原理能够更快地应用到更大跨度的结构中。

第一个应用于建筑物而不是简单地作为一个遮蔽物的大型索网屋顶出现在1967年蒙特利尔的世界博览会上（图1.6和图1.7）。这个由弗赖·奥托和罗尔夫·古特布罗德（Rolf Gutbrod）设计的特殊整体结构用来覆盖德国的展区。它采用与洛桑的结构相似的原理，通过索网来支承悬挂其下的预应力薄膜，设计者可以获得更大的空间。开始建造之前，在原型结构上作了一些测试，这个原型结构即是现在位于斯图加特轻型结构协会的建筑（图1.8）。

图1.5
1964年，在洛桑，人们采用索网与薄膜相结合，建造了一系列的尖顶帐篷，试图使其成为瑞士阿尔卑斯山脉的象征

图1.6
1967年世界博览会德国展馆

图1.7
1967年世界博览会德国展馆

图1.8
斯图加特轻型结构协会建筑

德国慕尼黑奥林匹克建筑区

当大量的索网应用于大型的屋顶在蒙特利尔取得成功之后，1972年，在慕尼黑奥林匹克运动会上又将其用于覆盖体育场和体育馆（图1.9），从而展示了如何能够将薄膜屋顶与玻璃幕墙相结合形成完全封闭的空间，使得薄膜结构屋顶的技术得到进一步的发展（图1.10）。游泳池和竞技场的屋顶采用了一种已经在蒙特利尔成功使用的类似方法。然而，承担屋顶在荷载作用下

图 1.9
从正面看台下看慕尼黑奥林匹克建筑屋顶结构

产生的位移而设在墙的顶部的巨大活动节点展示出早期将张拉屋顶与其他类型结构相结合的困难。

慕尼黑的体育主会场要求一个透明的屋顶,从而避免阴影妨碍电视转播比赛。我们通过在索网结构的顶部上布置透明的聚丙烯薄板来满足这一要求。这一特殊的屋顶证明了这些技术可以应用于大型的结构中,并且展示出了新的结构形式所具有的惊人效果。除一两个著名的建筑物如1958年尤肯·弗里曼·欧文（Yuncken Freeman Irwing）设计的墨尔本音乐广场、1956～1958年由沙里宁（Saarinen）设计的耶鲁冰球馆、1962～1964年由丹下健三（Kenzo Tange）设计的东京奥林匹克体育场（图1.11～1.13），预应力表面结构仍然仅用于展览和商品贸易会上的临时遮篷和凉亭,并且这几个著名建筑物的屋顶材料是刚性的而不是柔性的。早期的张拉结构是用于临时性的而不是永久性的封闭建筑物中。也许是因为薄膜适合布置于自然景色中，并且大多数薄膜结构看上去像临时性的,从而阻止了建筑师进一步寻求张拉结构的应用。也可能是因为很难将它们的曲线形式与常规的直线相协调，或仅仅是缺少对新技术的理解。

图1.10
在慕尼黑，奥运会的场馆显示出了将薄膜结构与玻璃幕墙相结合的可能性，但是，位于墙和屋顶之间，承担荷载作用下屋顶竖向位移的巨大节点的尺度让人难以接受，显示出张拉屋顶与其他类型结构相结合的一些问题

在弗赖·奥托的案例中，建造永久性建筑的愿望不如系统研究合适的结构形式和技术重要。尤如路德维希·格莱泽（Ludwing Glaeser）在“弗赖·奥托的作品”（The Work of Frei Otto）（1972）中指出的那样：

> 弗赖·奥托不仅考虑到薄膜结构良好的临时特性，而且承认了由于他不愿将地球表面覆以永久性建筑物而拒绝建造建筑的观点。

图 1.11
尤肯·弗里曼·殴文设计的墨尔本音乐广场

因此，当弗赖·奥托研究表面预应力张拉结构的建筑技术时，这些结构的建筑和城市应用的发展主要留给了那些具有首创精神的其他一些人。

面向城市应用的发展

20世纪60年代，建筑师受到未来派思想的启示，建议针对城市环境作根本性的转变。展现在画板上的整个世界是未来的覆盖整个城镇的巨型结构的景象。许多未来城市的设计中提议采用大型的张拉结构，因为它们具有用较少的材料而能覆盖较大面积的潜力（图1.14）。这些观点大部分仍然停留在书面上，也许是因为这是激进的观点，它完全忽略了我们城市和城镇传统的发展过程和我们生活环境的文化氛围。

图1.12
沙里宁设计的冰球馆

图1.13
丹下健三设计的日本东京奥林匹克体育场

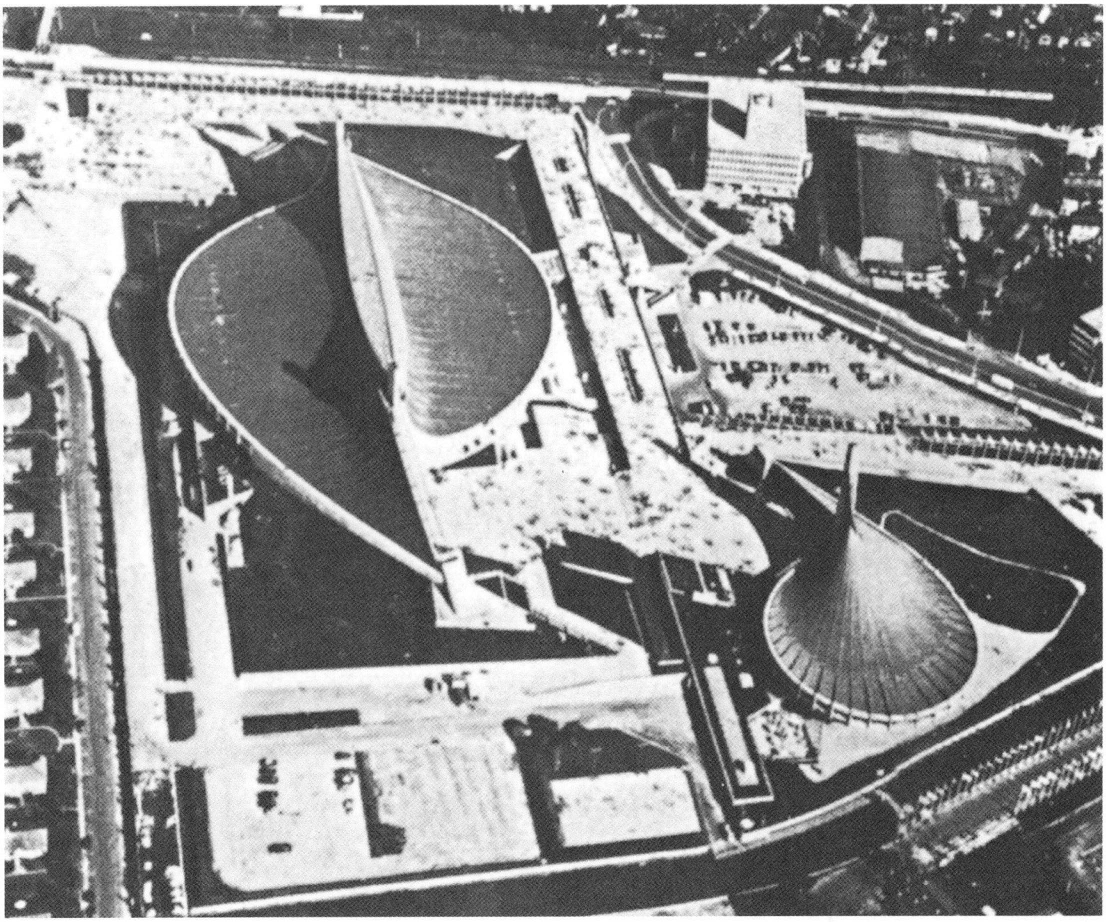

图 1.14
1968前，由格伦·斯莫尔（Glen Small）设计的生态圈。张拉结构在城市环境中的应用形成一个全新的城市机构，而不是将张拉结构与已有的城市相结合

在一个能够接受的尺度上，将织物材料和柔性薄膜结构应用于城市中的提议确实出现在前卫建筑杂志《阿基格拉姆》（*Archigram*）上面。1970年，“英国城镇的变形”中的建议，使我们预见性地展望了“最小外壳，紧邻着……爱德华七世时代的商店……或者奇怪的老式联排住宅”的应用。但是它更加趋向于辉煌的大型超级结构，例如“步行城市”，这在当时得到了极大的关注（图1.15和图1.16）。

1977年，福斯特建筑师事务所建议在伦敦的哈默史密斯（Hammersmith）用半透明性的薄膜屋顶覆盖4英亩的公共空间，但是，直到20世纪80年代初用于永久性的建筑张拉结构才开始出现在城市中，这在很大程度上是由于薄膜材料的发展，即一种在玻璃纤维外涂聚四氟乙烯（PTFE）的新型膜材。这种类型的建筑膜材能够承受很大的力而不需要索网的支承。

1984年，最早的一个实例出现在巴黎郊区，作为由意大利建筑师伦佐·皮亚诺设计的位于蒙鲁日（Montrouge）的施伦贝格尔研究设施改造的一部分（图1.17）。从远处看，这个张拉膜结构与弗赖·奥托的一些早期帐篷结构没有什么区别，然而，从施伦贝格尔建筑中我们可以看出在城市环境中将薄膜结构与传统结构相结合可能性的早期征兆（图1.18）。

1987年，迈克尔·霍普金斯合伙人事务所完成了巴西尔登（Basildon）城镇的设计，在这个设计中，建议使用10000m^{2}的透明张拉结构屋顶，然而与福斯特的设计一样，这个大型的项目至今没有完成（图1.19）。

薄膜结构和传统结构

在巴黎，施伦贝格尔张拉屋顶建成的大约16年前，薄膜结构

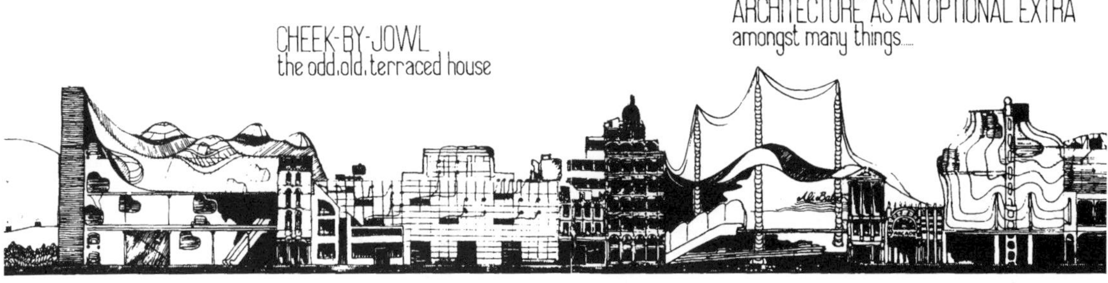

图1.15

阿基格拉姆学派的方案趋向于被看作是一种新生活方式的冲动，而不是认真地试图将新的技术应用于城市环境中的建筑

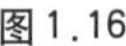

图1.16

1969年，彼得·库克（Peter Cook）设计的瞬间城市

图 1.17

施伦贝格尔工程中的薄膜屋顶位于人造居住区的风景处，或许显示出建筑师对于薄膜结构与常规建筑相结合的犹豫

图 1.18
从远处看，施伦贝格尔工程中的张拉屋顶与早期的帐篷结构没有什么区别。但是从其内部看，帐篷的感觉消失了，且其内部空间具有传统城市长廊的特征

图 1.19
1987年巴西尔登城镇广场的原始设计

与传统建筑连接的思想已经应用于各种不同的情况。在戏剧演出时，为了覆盖观众席，德国巴特·赫斯费尔德（Bad Hersfeld）在修道院废墟上修建了一个装配式的薄膜结构，它具有常置不动的钢柱和钢索。该结构显示出将轻型的外皮与坚实的砖石相结合而给人带来快乐，但是它没有提供如何将薄膜结构和砖石结构相结合而形成更多完全封闭空间的线索（图 1.20）。

第一个试图建造的永久性的结构的设计是采用砌体结构与建筑膜材和索网相结合来建造利雅得的外交俱乐部。该建筑于 1986 年建成，它将轻型结构与曲线形可居住的“墙”直接连接在一起，从而推进了薄膜结构与砌体结构的共同使用。从结构和美学的角度来

图 1.20
1968年，弗赖·奥托在巴特·赫斯费尔德设计的可拆卸屋顶结构的露天剧院

图 1.21
在利雅得的外交俱乐部，它是砌体结构与薄膜结构和索网结构的结合

看，巨大的墙面能够提供与圆锥形屋顶和马鞍型屋顶完美结合的曲面（图 1.21）。

在利雅得，虽然这个建筑成功地展示了薄膜结构与索网结构如何与传统建筑相结合，但它却没有说明张拉结构的双曲面能否与常规结构的直线形状相协调。许多试图将张拉屋顶与直线形结构相结合的早期工程看上去并不美观，从而说明了很难将薄膜屋顶的扇形边界与常规结构的平面成功地结合在一起。这种结合的结果看上去常常像一个糟糕的马戏团帐篷与一个简易的小屋在一起。除非像在慕尼黑一样，将建筑物的墙面精心地设计成曲面以适合薄膜的扇形边界。

图1.22
在英国剑桥施伦贝格尔，一个与垂直框架相协调的大型薄膜屋顶

图1.23
坐落在温哥华的船形码头，替代了大不列颠哥伦比亚码头，并且作为1986年世界博览会的加拿大展馆

一个形式比较复杂的“小屋上的帐篷”于1985年出现在英国剑桥外的一片场地上。这个作为施伦贝格尔集团另一研究设施的建筑物是一个三间格的薄膜结构，它与优美的垂直钢框架结构相连接。这个建筑是由迈克尔·霍普金斯设计，它巧妙地

图 1.24
佛罗里达购物广场，一个在城市之外的美国大型张拉屋顶结构例子

展示了大型薄膜屋顶与垂直框架结构的相互协调，即使有一点质疑，它仍是一个令人满意的、多少有些挑战性的建筑造型（图 1.22）。当这个建筑物出现时，它的薄膜屋顶结构引来了不少的关注。但是，综合钢结构要求保持所希望的薄膜结构形状，设计师花费了大量的精力以使得薄膜结构的几何形状与下部矩形结构相适应。

同一年，在大西洋另一边的加拿大温哥华，1986年世界博览会的准备工作已经开始。一个船形的建筑出现在温哥华港，替代了大不列颠哥伦比亚码头。这个新的建筑物作为世界博览会加拿大展馆，用一个大型的薄膜屋顶结构覆盖主展馆，产生了一种海上的景象。这个工程采用了双层薄膜，以提高内部的环境和声音效果（图 1.23）。世界博览会结束后，该结构被保留下来，并作为会议中心被长期使用。该工程产生了惊人的效果，并且在当时基本上作为一个封闭张拉薄膜屋顶在城市中被永久使用。

尽管如此，也许是因为在温哥华的薄膜结构仍然是另一个世界博览会分会馆，而剑桥的薄膜结构是实验协会的一个设施，至少在欧洲，在传统结构中，薄膜结构的应用还没有被广泛地接受。而在美国，经常可以见到薄膜结构应用于大型的市郊购物广场和运动场（图 1.24）。

城市中的薄膜结构

尽管张拉结构能够用于完全封闭的建筑物已经得到了证明,但最终带来城市中薄膜结构在建筑上的应用得到了广泛的认可,却可能是由于伦敦一个看台上开敞式薄膜屋顶的应用。

皇家板球场是伦敦传统建筑的一部分，它由Marylebone板球俱乐部所有和经营。该俱乐部是一个历史悠久、比较保守的组织。当需要建一个新的观众席时,建筑师迈克尔·霍普金斯提议采用张拉薄膜屋顶,以产生传统乡村半球状大帐篷的效果。设计中的这一方面使得在这样的一个建筑物中采用了一个可接受的创新方式。该建筑的成功提供了一个在城市环境中正确使用薄膜屋顶以获得满意建筑效果的有力证据（图1.25)。

图1.25
皇家板球场观众席外景

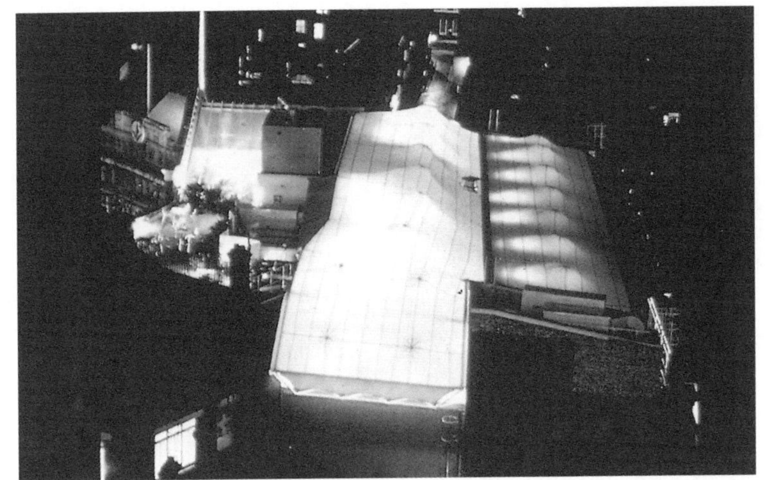

图 1.26
在Imagination，张拉结构是长廊和大厅的环境控制因素，并且它成为这个建筑物不可缺少的一部分

图 1.27
1958 年，由迈克·韦伯设计的伦敦莱斯特广场上的锡恩中心工程

因而到了 1986 年，张拉薄膜屋顶结构作为常规建筑物的永久性附属结构已经出现在城市中，并且它已经在少量的城市项目中用于形成完全封闭的空间。但是，在传统的城市环境中仍没有出现一个将薄膜屋顶或索网屋顶与常规结构相结合形成一个封闭环境空间的重要建筑物。

然而，就在伦敦皇家板球场芒德看台（Mound Stand）建成后不到两年的时间，一个更为复杂的薄膜结构屋顶出现在伦敦的西端。这个Imagination 总部的设计一下子回答了许多问题，包括那些仍然存在的关于薄膜结构与常规结构结合使用的问题。将两个爱德华七世时代的建筑之间一个阴暗的、不受欢迎的间隙转变为一

图 1.28
1992 年，塞维尔（Seville）世界博览会上的德国展馆波浪形的玻璃墙

个令人喜欢的空间。Imagination 屋顶说明了张拉薄膜屋顶不再仅仅应用于大跨度空间（图 1.26）。

也许这不是个巧合，这个新建筑的建筑师是罗恩·赫伦（Ron Herron），罗恩·赫伦是阿基格拉姆学派最早的成员之一。而且该项目的结构工程师是布罗·哈波尔德，哈波尔德是弗赖·奥托的同事之一。

尽管经过了近30年，前卫的思想作为概念和实验的设计才在20世纪60年代的早期和20世纪70年代得以实现，但是其他一些使人回想起阿基格拉姆学派的想像力的其他例子开始出现在建成的形式中。1962年，迈克·韦伯设计的锡恩中心（Sin Center）（图 1.27）和1992年塞维利亚世界博览会上的德国展馆（图 1.28）就有许多惊人的相似之处。在伦敦卡姆登镇（Camden Town）罗恩·阿鲁德（Ron Arud）的工作室里，利用薄膜结构屋顶改变的一个破碎的砖砌仓库废墟，成为其他一些早期阿基格拉姆学派创意的非凡再现。

尽管城市中的张拉结构仍然处于它的幼年时期，20世纪50年代和60年代是膜材刚刚开始发展的时期，和那时相比，现在具有了更为耐久的、高性能的材料，薄膜结构的性能得到了越来越广泛的肯定，并且经过20多年的使用，一些早期薄膜结构的性能仍然能让人满意。在轻型张拉结构领域中，仍具有巨大的创新和进一步发展的空间，并且随着设计师变得越来越自信，张拉结构的建筑潜力肯定会被广泛地利用。这些新的结构形式能否在城市环境中成为一个重要的角色，我们将拭目以待。然而，在将张拉结构与常规结构的结合中，建筑上和技术上的困难已经被克服，并且发现了许多两者相结合的优势，张拉建筑在城市中的应用会越来越好。人们所需要思考的只是还有哪一种激进的景象没有在城市中实现。

2 张拉结构的设计

表面张拉的轻型薄膜结构与索网结构主要都是依靠他们本身的几何形状来获得稳定。对于结构的几何形状，基本上没有什么要求就可以获得稳定的张拉结构。但是“要求”一词已经表明好的形状不仅能为建造特殊的建筑提供可能性，而且它也是保证结构稳定的一个必要要求。最重要的需求之一就是在薄膜结构表面上的任意一点处形成相对的两个方向上的双曲率（图2.1）。尽管这听起来好像过于严格并且很难实现，但实际上这只是一个很简单的原理。若是用一个全新的词汇表来描述可能存在的空间体，那么这个原理就是形成这一词汇表的关键。形成双曲的张拉面需要具有高低不同的点。为了形成一个高点，需要向上推或者是向上拉，这通常是由外部的或内部的桅杆或者拱来实现，桅杆和拱就是张拉结构中仅有的受压构件。一旦支承方案确定了，受压构件的位置、长度或角度的任何变化都会引起体积、形状和结构状态的直接变化。

在设计张拉结构时，设计师既需要掌握时机也要知道限制，并且应了解他所作决定的后果。使用张拉织物或皂膜的结构模型是模拟这些结构类型的最好方法。

运用物理模型进行学习和设计

用尼龙弹力袜制作张拉结构的模型是最简单的方法，因为它不需要裁剪，并且它能够准确地模拟结构的形状和状态。在开始做模型时，首先应该确定支承方案，选择固定点，方案的确定和固定点的选择应能使张拉的织物形成空间的曲面。把松弛的和未张拉的织物剪掉，以便形成特有的扇形边界。一个低速的风扇如普通的吹风机，可用来检查出结构性能不好的区域。在薄膜结构中，曲率过小区域的拉力常常是不足的，并且必须通过很大的变形才能承担荷载。因此，曲率过小的曲面和张拉不足的边界一样都会产生振动，这都会导致在连接处产生过大的荷载作用，有可能引起结构的破坏。

脊索和谷索可以用来增加结构的曲率。在与膜材的连接中，采用脊索和谷索是一个非常实用的方法。因为，它是沿着整个索长

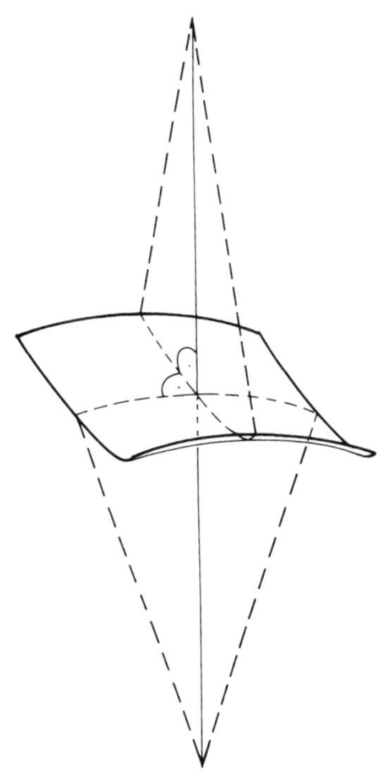

图2.1
薄膜结构的双曲面

来承担薄膜内的拉力，这样就避免了在点的连接处的应力集中问题。当膜板遭到破坏时，脊索和谷索很明显可以作为第二结构，能够起到安全的作用，确保结构不会倒塌。若一个固定点被移动或人为去掉，张拉织物模型能够显示出倒塌破坏的过程。与常规结构模型的制作不同，张拉织物模型的结构还有其他的优点：人们无法用张拉织物做一个不可能实现的结构。对模型的测试还可以减少由于忽略或曲解标准而产生错误的可能性。一旦理解了其内在的特性，一个敏感的设计师能够很快地学会如何控制张拉曲面以达到他的设计目标。

当一个设计师完成了他的设计计划测试过程并最终确定了结构的形状之后，他所面临的问题就是将他的设计画在图纸上，以便将他的设计思想传达给参加设计的其他人。

常规绘图的困难和必要性

常规绘制结构图纸的方法并不是展示张拉结构形状的最好方法。就常规结构而言，平面图是处于中心位置的，由它可以生成立面图和代表性的剖面图。称为平行投影的绘图法对常规结构来说是一个很好的方法，我们常常能够找到一个主平面，平行于该主平面即可投影出立面和剖面(图2.2)。然而张拉结构是空间三维曲面，并且具有扇形边界，一般没有一个主要的方向。因此，很难从其曲面上作出一个有效的平行投影(图2.3)，除非是有重复的部分。因为对于空间三维曲面形状来说，不同的剖切位置会得到完全不同的剖面，它一般没有代表性的剖切面，即使剖面图很正确，它只能正确地反映所剖切的位置，若剖切位置发生变化，张拉结构的剖面图通常会完全不同，而常规结构具有代表性的尺寸很可能保持不变。若用常规的方法来绘一个张拉结构图，它只能展示出该结构与周围环境的相对关系，除非将其接缝线画出，否则，几乎是不可能由线条图看懂张拉的曲面。而且，除了高度外，剖面图和立面图不能用于显示一些尺寸，所以，张拉结构曲面需要关于其空间形状的附加信息。对此，计算机建模是一个很有用的工具。然而，若张拉结构是建立在城市环境中，常规绘图也是不可少的。尽管二维图形无法充分地描述张拉结构的三维特点，但是仍必须用他们来展示张拉结构是如何与已存在的常规结构环境相结合的。

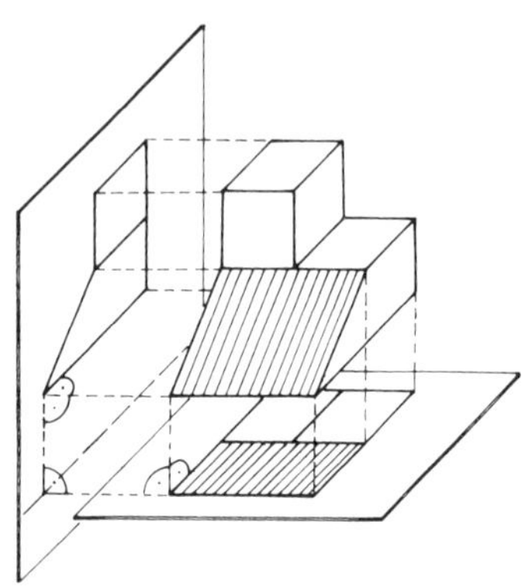

图2.2
常规结构的平行投影

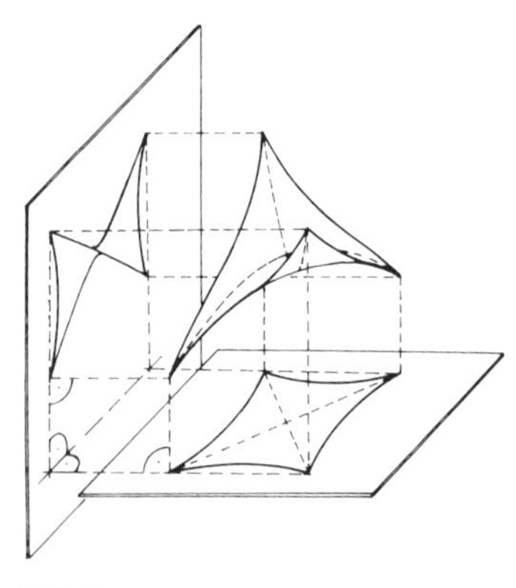

图2.3
一个四点双曲面的平行投影

当张拉结构要与已存在的结构相连接时，在确定边界位置的准确度方面要比独立存在的张拉结构严格的多。如果建筑物本身既包括常规结构，也包括张拉结构，那么必须仔细地计算由于荷载和徐变而使张拉结构产生的位移。它们之间的连接处能够很好地在平面图、剖面图和立面图中显示出来，并且应用计算机模拟技术对结构在荷载作用下的性能进行分析。

利用计算机模拟优化设计

完成了一系列的绘图之后，知道了设计中的关键定位点，就可以建立一个计算机模型了。按照图纸中明确表示的，首先确定定位点，然后在选择的边界内生成代表结构曲面的初始网格。通过在计算机模型上加上适当的恒荷载和活荷载进行分析，就可以进行结构优化，如果需要，可以更改建筑形状。两个方向上的曲率越大，结构内所产生的力越小，较大的曲率同样可以使得张拉结构曲面更加稳定，继而较小的预应力就能够承担作用在结构上的荷载。相反，若张拉结构曲面具有零曲率的话，需要无穷大的荷载才能使结构稳定，所以结构曲面越平，变形就越大。对于张拉结构平面内的张拉力超限的情况，设计者可以采取两种措施：可以增加曲率来降低拉力，或者保持现有拉力不变，采用强度更高的材料。这两种措施的效果可以通过计算机模型的分析得到。这个理想形状的寻找过程是与不同设计状态的荷载分析同时进行的。如果在这个阶段里建筑师和结构工程师进行密切的合作，在综合考虑结构、维护和建筑各个方面的基础上，就可以通过计算机模拟程序对可用的材料和合适的形状范围进行讨论，以便得到一个合理的结果。

为了描述最后确定的形状，将其转化为数据则具有不同的可能性。高度相同的点形成的轮廓线可以用来显示曲面（图2.4)，而更为广泛采用的方法是用网格形成曲面，网格中每一点均有编号并用三维坐标来确定其位置（图2.5)。

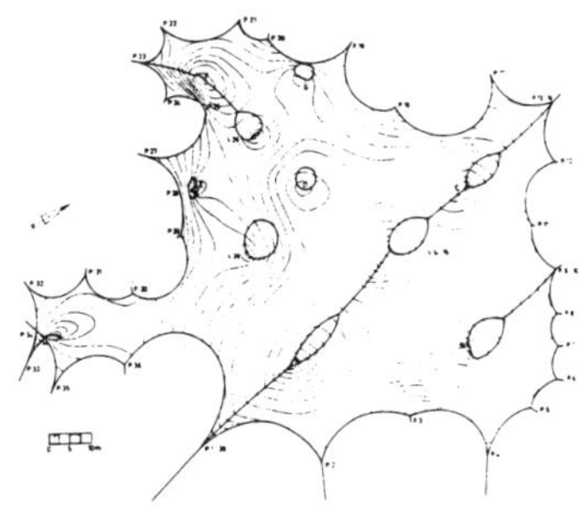

图2.4
1967年蒙特利尔世界博览会上，德国展馆的屋顶形状

裁剪

为了使设计得以实现，与常规结构相同也需要绘制图纸。与常规结构的刚性建筑材料不同，建造曲面张拉结构的材料是柔性的，在建造过程中比常规结构多一些类似做衣服时的裁剪工作。三维曲面是无法展平的，需要将单个裁剪条元在平面膜材上裁剪出来，然后再缝合或焊接在一起。因此，需要将确定的形状转化为裁剪图（图2.6)。对于索网结构，则必须确定索的位置。这些都

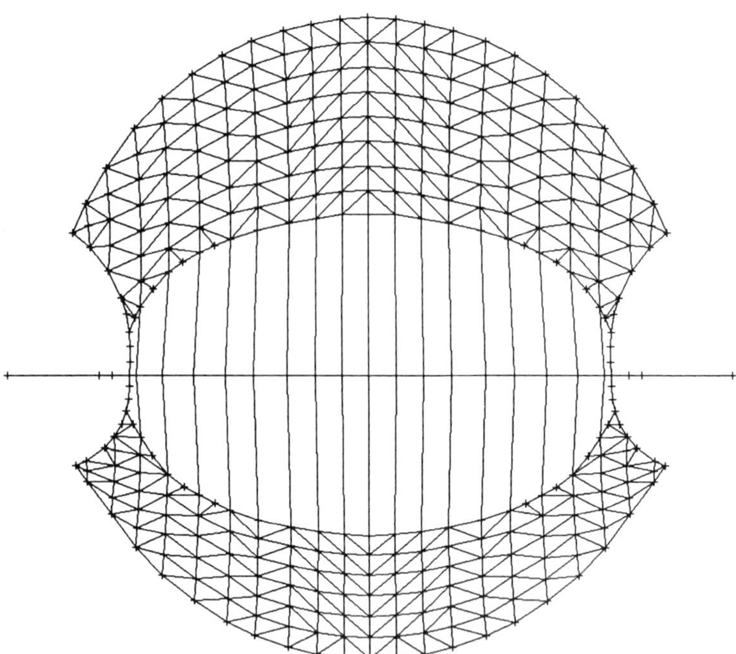

图 2.5
由网格形成的平面图

BURO HAPPOLD SH_Atrium FIELD 2 CLOTH 9

LEFT SIDE

LENGTH (Y)	OFFSET (X)	NODE
3.510	0.355	633 *
3.380	0.314	634
3.271	0.235	635
3.194	0.126	636
3.153	0.000	637 *
2.792	0.043	662
2.435	0.062	661
2.079	0.074	660
1.724	0.083	657
1.369	0.089	658
1.013	0.093	659
0.655	0.087	789
0.298	0.061	527 *
0.278	0.191	526
0.219	0.310	525
0.123	0.404	524
0.000	0.462	513 *

RIGHT SIDE

LENGTH (Y)	OFFSET (X)	NODE
3.510	0.355	633 *
3.474	0.599	777
3.422	0.953	705 *
2.956	0.907	711
2.498	0.901	710
2.040	0.900	709
1.582	0.899	706
1.124	0.900	707
0.666	0.901	708
0.204	0.953	558 *
0.071	0.656	781
0.000	0.462	513 *

TENSYL Release 1.1 Current Run 209 Compensation WARP 0.00 %
MINITEC Ltd Copyright Equilibrium Run 0 FILL 3.50 %

Fig 3.6 Typical cutting pattern

图 2.6
单个膜材结构剖面的裁剪图

可以用三维模型的计算机数据来产生。就像做衣服一样，接缝线的位置是一个很重要的因素（图 2.7）。此时，再次需要建筑师和结构工程师紧密合作，因为接缝线的位置既影响视觉效果又影响结构性能。

图2.7
单个膜板的装配过程和做衣服很相似

建筑师和工程师的合作

一些最好的当代建筑是由建筑师和工程师的紧密合作而产生的，这一点在张拉结构领域更加重要。

张拉建筑的最终形状确定后，就需要设计边界情况、支承点和锚固点。如果是一个纯粹的帐篷结构，工程师常会对此完全负责。在找形和荷载分析中所确定的力，此时就要由“螺母和螺栓”来承担。工程师很可能会确定和设计这些细部的绝大多数，并绘制工程图。如果这些细部暴露在外，结构的外观就很重要，建筑师也会参加这一阶段的工作。对于张拉结构和常规结构相结合的情况，为了获得满意的效果，建筑师和工程师的继续合作是必需的。张拉结构和常规结构相结合的区域是这两种学科共同工作效果的最好标志。这些结合点对于结构整体的理解是重要的。结构细部是否得到认可，是否简单实施或是否隐藏起来，这些问题对于建筑的理解以及建筑的质量是至关重要的。

3 城市房屋模拟

随着对可用材料的认识和改良的发展,作为永久性应用的张拉结构常常完全围合建筑,比仅仅用于遮蔽顶棚结构已经变得很常见了。然而,如果它们被看作是新元素的扩展而不是替代已存在的建筑词汇,在与我们城市的已存在建筑比较尤其连接方面,我们挑战它们是很重要。

> 与房屋建设有关的……几乎所有与一个城市建设有关的事情都应在考虑范围内。
>
> (阿尔伯蒂 ,1988年。第五册,第14章,140页)

阿尔伯蒂(Alberti)的城市房屋模拟能够突出重要的方面,尽管他的思想已经有500多年的历史了,当城市环境由常规建筑与激进的建筑元素并存时,它们就显得尤为正确。张拉结构就是一种激进的元素,在考虑张拉结构如何嵌入到城市领域中之前,更为重要的是理解现存建筑是如何一起形成城市中各个部分的。

城市中的棋盘形

传统城市环境常常是由垂直砌块形成,这些垂直砌块自身或多或少是由一些矩形建筑组成的。这种正交的矩形形式是由历史演变而来的,并且被证实了适合人们的日常生活。正交性最重要的特性之一就是能够很容易地形成规则的城市结构,这种结构就是由建筑物形成一个又一个棋盘形状。当需要建造新建筑时,正交的方法具有使城市结构得到轻易扩展的可能性,并能使建筑物之间相互连接。从功利方面来看,都市生活中普通结构的正交形式已被证明是最合适的几何形状,因此将固有曲线形式的张拉结构嵌入到城市中就需要慎重的思考。

城市中的等级

在城市中,有一些建筑是私人的,仅用于个人使用,其他一些建筑是共同使用的,具有一定的公用性。他们共同形成了一个等级次序,这个等级次序反映着社会中的顺序(图3.1)。

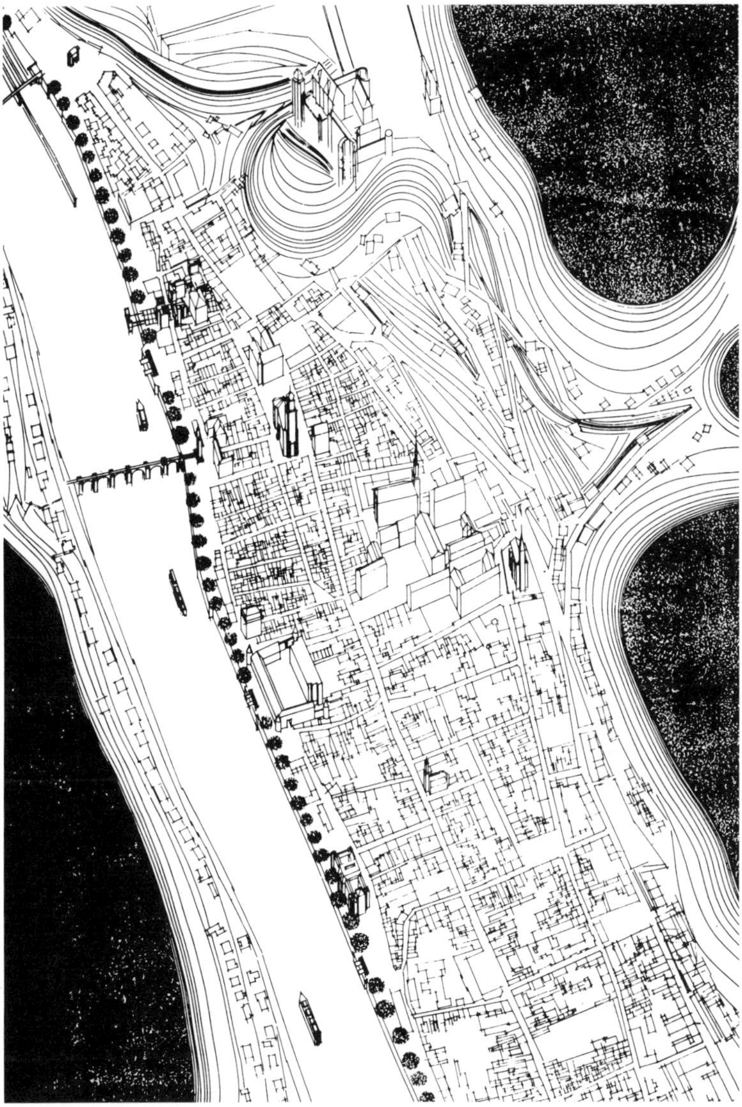

图3.1
特殊的建筑与海德堡的棋盘结构图

图3.2
由于尺寸不同而表现出的等级

在通常的城市结构中，我们经常会发现一些突出的建筑物，一些由于某个或其他原因而确定为具有特殊性的建筑物，代表着它们所容纳的活动、机构或社会成员的重要性。要在普通中显出特殊需要有区别，这种区别习惯上通过采用不同的材料、颜色、形状和尺寸或这些因素的组合来获得（图3.2和图3.3）。一个建筑也可以通过其特殊位置来显示出它的特殊性。

当张拉结构应用于已建成的常规结构中时，由于其材料特性和特别的形状而使它们很醒目。由于它们能够吸引我们的注意力，因此张拉结构被看作是在普通城市结构中建造特殊建筑的一个适用的方法。

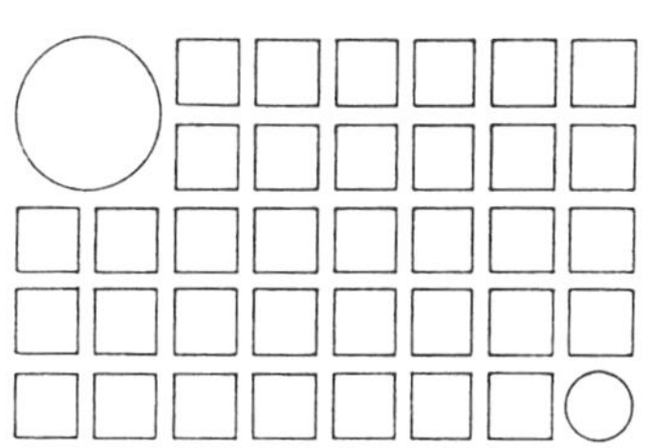

图3.3
由于形状不同而表现出的等级

位置

图3.4
锡耶纳市中心的广场平面图

在城市规划中，一个建筑物的重要性能够通过其位置而得到显著地提高，例如，一个关键的位置（图3.4），从很远的距离就能够被看到，在这里，它是一个焦点或它比周围普通的建筑物修建的都高。由于这些原因，使其空间位置得到突出。这与其所采用的结构类型是无关的，所以，张拉结构的位置也很重要。

在城市中，大体上可能有两种常见的情况，第一种情况就是特殊的建筑物是单独的、独立的工程，它与普通结构并列存在。在欧洲中世纪的城市中可看到独立式特殊建筑的例子。城市交通主线的相交处通常会有一个主广场或市场，在这些位置处，具有空间上的突出性，城市中最重要的建筑物常常会坐落于此，它通常会是一个教堂，接近于中世纪末时，通常会是一个城市会馆。这些由于其位置就已经很突出的建筑物，在建筑方面也很突出。因为它们的尺寸比周围的建筑物大，常常会采用特殊的建筑技术，采用不同的、珍贵的材料显示出这些建筑的重要性。考虑到不同的几何形状和结构形式，这种独立的建筑不需要与其周围建筑形成棋盘形。即使建筑物的整体不是这种情况，通常会有一部分具有不同的几何形状，采用更为创新的结构技术。在一个相似的现代情况中，人们可以想象

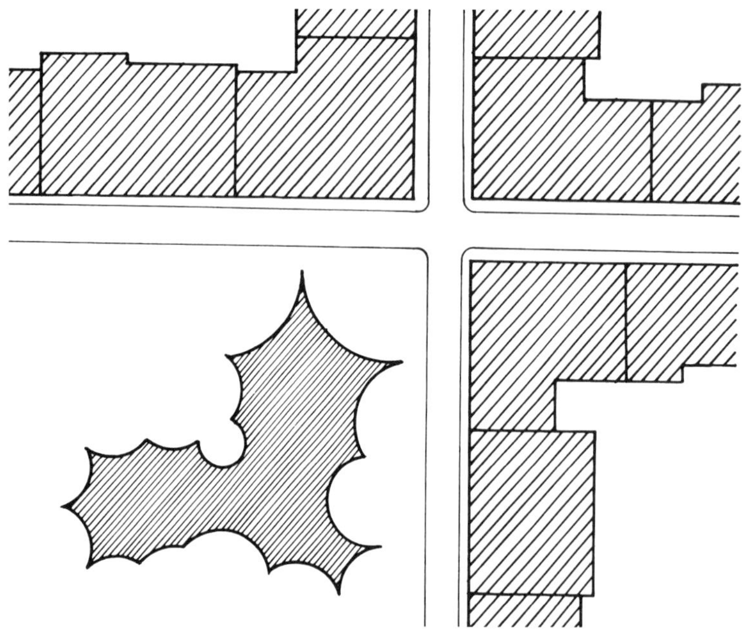

图3.5
独立式张拉结构可以只遵循其自身的结构逻辑

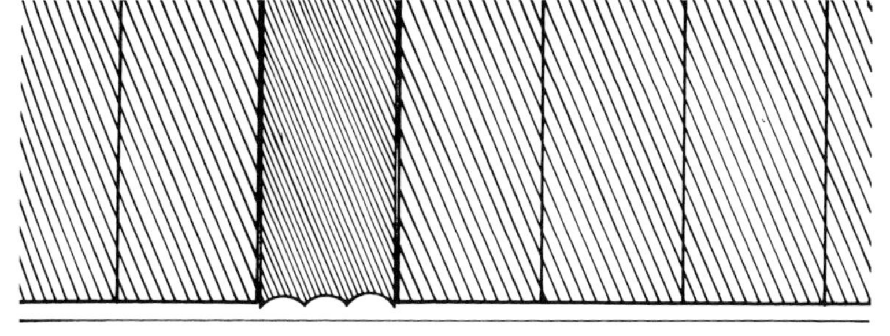

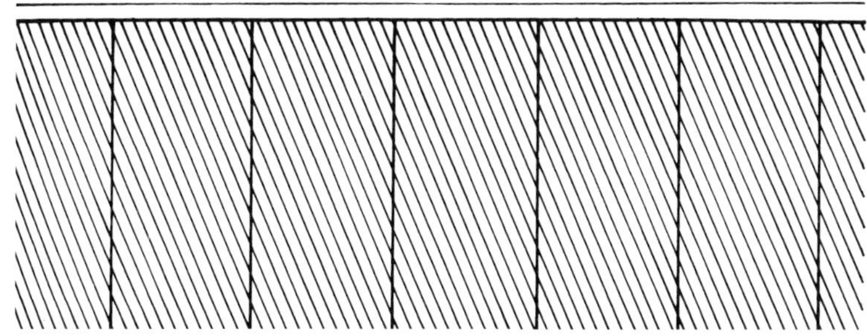

图 3.6
在不失去引起人们兴趣的能力下，张拉结构常常用于延续已存在的模式

一个独立的张拉结构具有这个突出的特征。张拉结构允许边界处的曲线和曲面上的双曲率符合它们本身的结构逻辑，而不需要适应其周围的建筑物。在城市中这种类型的位置上，张拉结构的特点得到了充分的发挥（图 3.5）。

在城市中的第二种情况就是，新建筑需要用来填补空隙或延续已存在的模式。在这种情况中，新建筑在仍然能够引起人们注意力的情况下，必须调整其几何形状以与普通结构相协调（图3.6）。这种情况也是将张拉结构的固有特点用于建筑中，以使该建筑在周围的建筑中显得突出。然而具有曲线特性的建筑与正交的、密集的城市结构相连接并不总是件容易的事。在直线和曲线相交的边界处需要设立一个适应性的区域：在该区域内，垂直结构的边界是可控制的，以使它们能适应张拉结构的形状。

在常规结构对张拉结构形状的应用既不可能又不如意的时候，张拉结构的几何形状就必须适应常规结构的直线几何形状。坐落于伦敦的Imagination建筑的中厅就是一个例子。薄膜屋顶在两个常规直线形建筑之间覆盖了一个不规则的空间。

还有第三种可能性，即常规结构和张拉结构都不适应对方的几何形状，而是设计一个中间的元素来填补两者之间的缝隙。斯坦福码头（Stamford Wharf）（案例研究 10）的设计就属于这种情况。

在这个设计中，弯曲的玻璃构件用于封闭薄膜结构扇形边界和已有建筑物直线结构之间的区域。

无论何时，当张拉结构与常规结构相结合时，应对场地、要求和周围的结构所提供的可能性进行全面地调查，以便得出在给定的环境下上面三种不同情况哪一种最为适合。

曲线与直线

在芬兰建筑师阿尔瓦·阿尔托（Alvar Aalto）的作品中，有些作品通过直线和曲线几何形状的采用，在同一个建筑物中表现出普通空间和特殊空间之间的不同，就像在城市中的一样。他也选择常规的结构去适应更小的、布置规则的普通空间，这些空间需要更多的隐私。他常常采用不同的结构方法去展示特殊空间的重要性，这些特殊空间是需要被突出的，因为形状本身代表着所具有的功能，所以不同的形状显示出不同的内部功能和内部组织规模。在直线与自由形状的交界处，形成了贯穿整个建筑物的线条，作为不同几何形状间的中间单元。阿尔托的例子（图 3.7）进一步展示了张拉结构是如何融入到传统城市结构中，同时也展示出在一个单体建筑中特殊形状是如何与常规结构形状相结合的。

依据城市房屋类推法，我们可以通过城市的结构来了解单体建筑物的结构，反之亦然。一个城市中，突出的、比较重要的公共性建筑物坐落在一群私有的、主要成正交分布的区域中。即使在单体建筑中也需要类似的布置方式。同样，依据使用和私密的

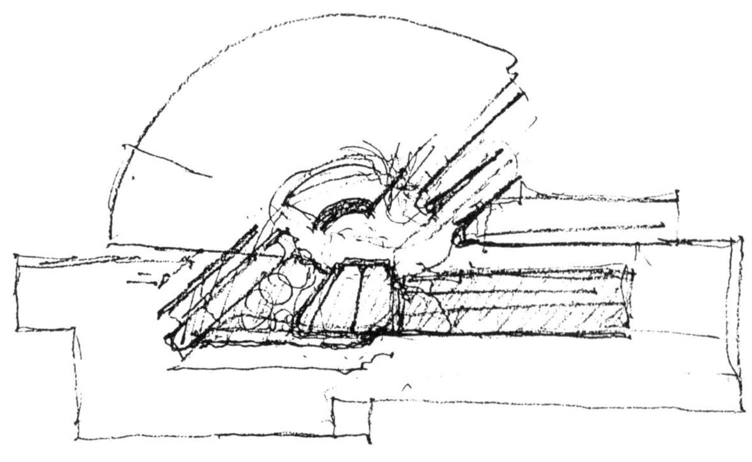

图 3.7
阿尔瓦·阿尔托的草图

程度，布置方式也包括较大的和较小的空间，以及比较重要的和不太重要的空间。

但是城市房屋类推法同样提醒我们，即使是单体建筑也能对城市产生影响。因此当我们在城市中建造一个张拉结构时，应当知道它会对整个城市产生什么样的影响。张拉结构在其与周围环境的关系中是有益的还是有害的，它们扮演保守的、宁静的还是激进的、肯定的角色，只是一个选择的问题，无论采取哪一种方式，都会决定一个区域的特性以及城市和“房屋”的未来。

4 城市环境中的曲面

在前一章中，介绍了张拉结构几何形状和功能之间的联系，从某种意义上说，不同的形状代表着不同的内部功能和内部组织尺度。本章将讨论在城市文脉中曲面如何成为建筑或建筑某一部分的有益问题。

前面已经说过，将曲面几何形状融于一个城市结构中有两种方法。第一，一栋建筑可以是独立的，周围是普通建筑物；第二，它可以与已经存在的城市环境一起形成棋盘状。虽然对一个城市环境来说，独立的结构是重要的，但它们与形成棋盘形的结构不同，不存在与周围环境相适应的问题。因此本章主要讨论两种情况中的第二种，以说明使用曲面的益处。通过对罗马巴洛克建筑形式的学习，我们知道了在一个传统城市中，建筑物是如何采用曲面以满足其特性的，如何将直线与曲线之间的和谐用于建造限定的、明确的城市空间，以及如何用于解决其他尴尬的情况。

作为灵感源泉的罗马巴洛克建筑形式

为了了解张拉结构曲面特性的潜力是如何在建筑上得以利用的，回顾一下成功利用曲面的历史是十分有用的。作为一个先例，罗马是一个很好的例子。一个具有四方形平面严格布局的罗马是个传统的城市，主要以直线形几何形状为基础。在罗马巴洛克时期，一些新的建筑物出现在罗马城市结构中。其中一些重要的建筑物很小，但是，这些小的建筑物却能吸引行人的注意力。今天，许多巴洛克式的建筑是由于采用曲面才被认为是杰出的。人们常常并不是有意将曲面作为首选来解决几何形状上的困难和城市设计中的问题，由于采用曲面而使这些建筑物具有杰出的效果实际上只是次生效应。

内部与外部的相互结合

最初，形成外表曲面的主要目的是将建筑物的内部空间与街道走廊的外部相结合。罗马巴洛克例子的年代顺序展示了内部与外部

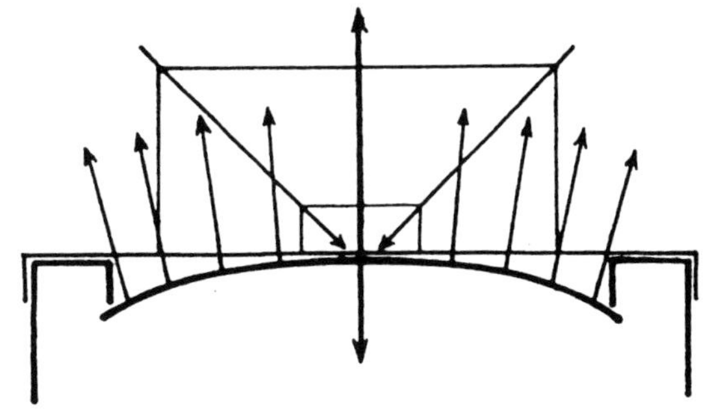

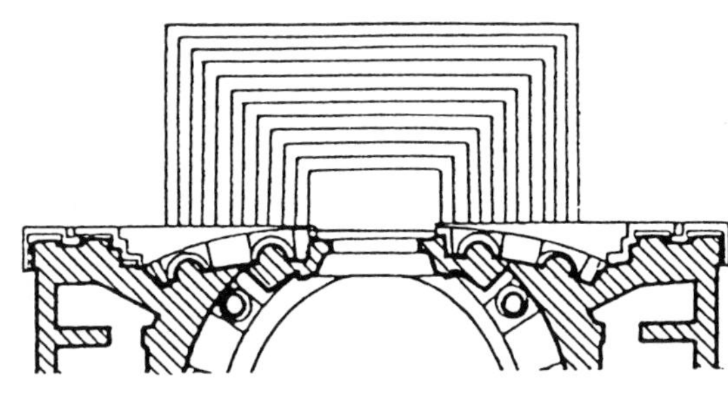

图 4.1
罗马圣卢卡入口位置，设计师：P.da. Cortonu（1635～1650 年）

相结合思想的发展。

在其正式探索初期，如果我们能够接受张拉结构是建筑（而不是结构）这一原则，它们经历相似的发展的思想就是很自然的了。为了能够研究建筑中的可能性，特别是曲线边界方面，对罗马曲面应用发展的认识是一个很有用的指导。

罗马的圣卢卡（San Luca）（图 4.1）是第一个引入曲线元素的建筑。为了满足其内部空间的特性，它的外表面看上去是弯曲的，展示出它向街的一面。Sant' Agnese 建筑（图 4.2）的外表面是向内弯曲的，形成了拥抱的姿势。被拥抱的街道空间升高到了一个平台上以用来应射内凹拥抱形状的外立面。平台高度一半处的台阶就成了街道和椭圆形实体建筑物之间的中介物。入口从内向外延伸到这个椭圆形平台上，其结果就形成了从街道通向其内部的一个空间顺序，就是由于这个顺序，参观者逐渐地被吸引住。San Andrea al Quirinale 建筑（图 4.3）是类似的，入口平台也有遮盖物，虽然仍然处于外部空间，但是给参观者一种已经在内部的感觉。

在近期，一个具有同样效果的例子可以在威尔士的兰戈伦找到（Llangollen）（案例研究 12），在这个例子中，膜结构与常规结构相结合。入口位于常规结构的建筑的两翼之间。两翼和

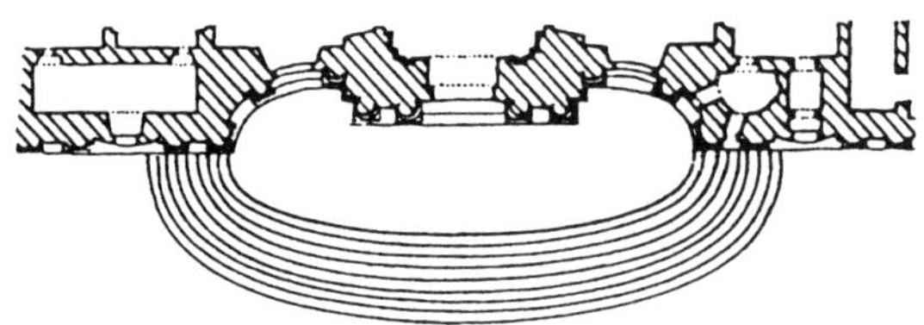

图 4.2
罗马 Sant' Agnese 的入口，设计者博罗米尼（Borromini）(1653～1657 年)

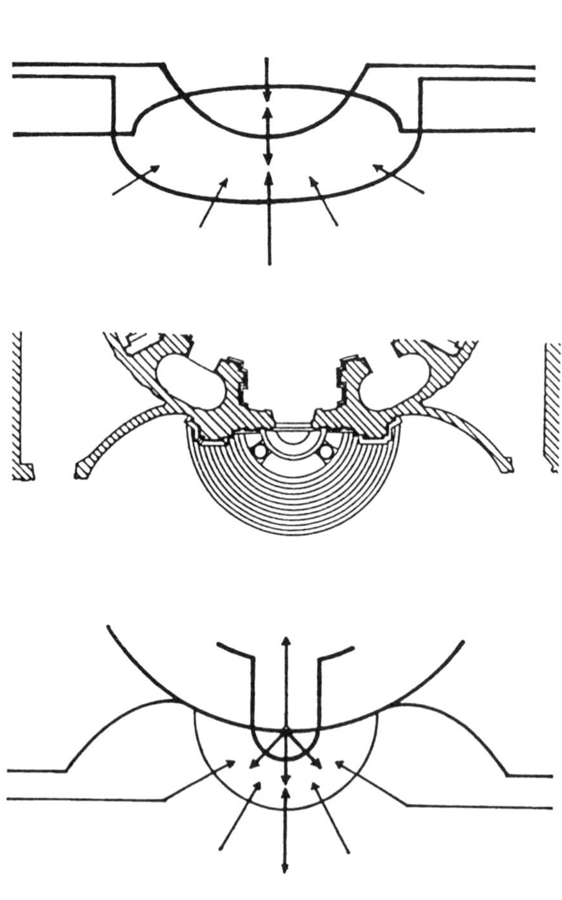

图 4.3
罗马 San Andrea al Quirinale 的入口，设计师伯尼尼(Bernini)(1658～1661年)

其实心的石料镶面墙环抱着主入口的中央光滑区，两个成拥抱姿势的翼形成入口湾。在玻璃中心区上方有一个入口雨棚，是连续突起薄膜结构屋顶的一部分，这个薄膜结构屋顶连接着两翼，在这里，空间顺序仍然逐渐吸引参观者。一个人一旦站在入口雨棚下面，通过玻璃板就可以看到前厅，形成一个分开的、但是从视觉上是统一的屏幕（实际视觉障碍是建筑物前方和中厅之间的一个墙）。入口雨棚的透明性以及明亮的外观更增加了其动

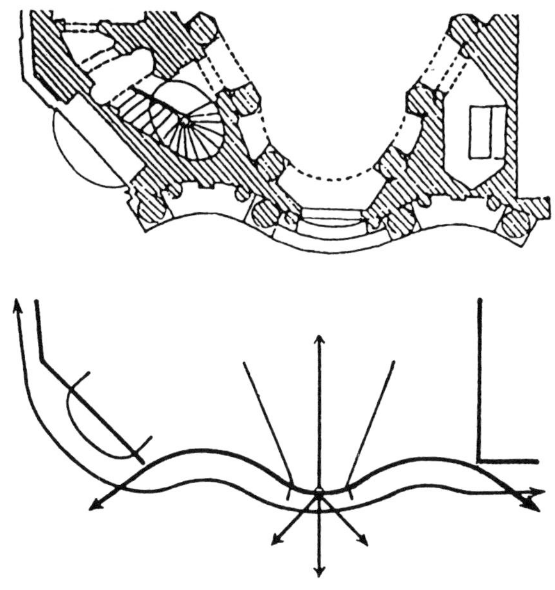

图 4.4
圣卡罗广场喷泉的入口位置，设计师：博罗米尼(1667 年)

人的姿态。与 San Andrea al Quirinale 的入口况状况一样，虽然在入口雨棚下面仍处于建筑物的外面，但参观者会有已在其内部的感觉。

然而，罗马巴洛克式曲面发展的顶峰是伴随着圣卡罗广场喷泉 (San Carlo alle Quattro Fontane) 而出现的。入口的立面是重要的一步，超越了以前曲面地应用（图 4.4)。它将重叠内凹的功能与早期例子中凸起的单元在一个正弦曲线的立面上结合在一起。这个立面的每一边呈展开双臂的邀请姿态，位于中心的突出变化则将内部与外部结合在一起。

振荡扩散边界

具有扇形边界的张拉结构同样能够用于连接一个建筑物的内部与外部，并获得良好的视觉效果，这一点可以通过慕尼黑奥林匹克的一个室内游泳馆（图 8.4）来说明。这个游泳馆的玻璃外围墙是与屋顶结构扇形边界一致的，因此，外立面便成了曲线形玻璃幕墙。通过该玻璃幕墙可以看到外部空间，从而产生了一个边界区域，内部和外部空间就在这个区域中振荡。如果这种类型的曲线形状应用于一个城市环境中，外立面同样能够吸引人的注意力，因为它扩散了常用的、严格的线性边界。

在拥挤的环境中，一个建筑物的正面常常是街道上的惟一展现。在街道里，建筑物必须满足周围重复元素的需要，形状和材料常常是展现外观的惟一方式。一个振荡形式的立面是对街道周围平等的挑战。圣卡罗广场喷泉的例子说明，认可一个建筑物，它的尺度并不是第一位的。对于它的重要性来说，它是一个比较小的建筑物，这也是它为什么会有圣卡罗（San Carlo）这个名字。它既不比相邻的建筑物大，也不比相邻的建筑物小，但是，它却作为最重要的罗马巴洛克式建筑之一而闻名。因此，我们可以得出结论，一个另类固定形式中的移动能产生一种城市环境，这种城市环境由于避免了僵硬直线的区域而吸引人们的注意。因而，建筑物和街道空间的边界由于弯曲而变得柔和，它不再是分界的元素而是连接的元素。

开放和惊奇

就像上面所说的，张拉结构扇形边界所固有的曲面形状与罗马巴洛克式曲面在几何形状上是有联系的，因而我们可以吸取一些巴洛克式曲面对城市结构的其他重要贡献，并将认可的成果用于张拉结构设计中。

到目前为止，我们只讨论了建筑物主立面作为曲面的例子，而没有涉及到整体为曲线形的例子。在Piazza di Sant' Ignazio广场，曲面成为解决复杂城市环境的关键。虽然这个建筑物事实上是独立的，但它与周围具有曲线拐角的建筑物一起形成棋盘形，围绕着一片真实的城市空间（图4.5）。在这里，狭窄的街道进入这些节

图4.5
在Piazza di Sant' Ignazio广场角部的真正城市空间，设计师拉古齐尼(Raguzzini)(1726～1727年)

点中，这些节点是由建筑物正面扇形部分形成的真实城市空间来确定的。在这里，我们发现了开放和惊奇的街道设计，好几条街道并不是按常见的直线形式汇集到这一点。它们来自不同的方向并能汇集在一个点上，因为椭圆形的街道空间起到了枢纽的作用（图4.6）。这样，就在狭窄的街道和宽敞的枢纽点之间形成了舒适的对比。Sant' Ignazio广场表明有时城市环境需要特殊的几何形状。张拉结构并不是源于直线形式，如果规划师能够加以巧妙地运用，由于其曲面形状的特性，它甚至能够适用于十分尴尬的情况，其结果可以是一个很好的城市方案，既能满足规划的要求又能满足审美的标准。

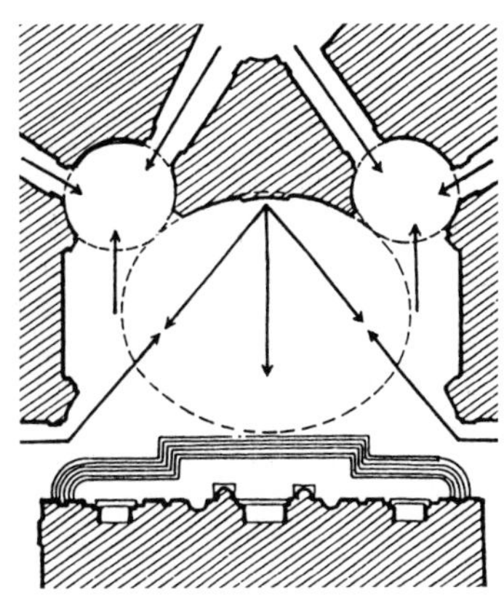

图4.6

Piazza di Sant' Ignazio广场城市环境的平面图

和谐的适应

在场地和街道的关系中，常常会有线性几何不能提供令人满意的解决问题的情况。与街道向外的情况相比，当一个建筑物需要一个不同的内部轴心时就会出现这种问题。针对这种情况，张拉结构的扇形边界是一个很有用的设计工具，可以用来协调不同角度的轴线。也有拥挤情况下的例子，还是罗马巴洛克式的建筑，这个例子既能说明问题也能给出结论。

在SS Trinità degli Spagnoli（图4.7）的这个案例中，一个内凹的湾形成了从街道的正交轴线到室内的中轴线的转变。正面的凹形湾将参观者引入正门，而正门处正好是曲面中心的一个切点。通过入口进入内部时，参观者察觉不到他们已经改变到了一个

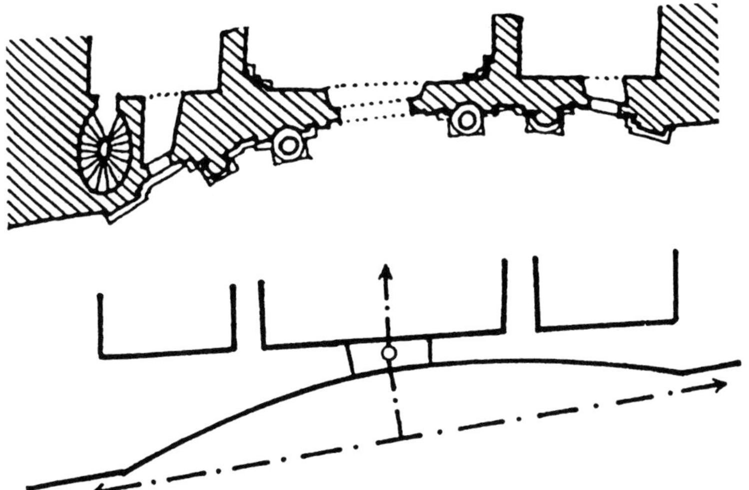

图4.7

Trinità degli Spagnoli的入口

图 4.8
1992年世界博览会上德国展馆波浪形索网墙的计算机图像，该图像展示了柱基和过梁形状不同的情况

新的方向。在这一情况中，曲面的应用首要的并不是形成突出效果，而是优美地协调一个复杂的几何形状。同样，采用张拉结构扇形边界而形成的曲面边界能够有助于解决这种类型的几何问题。人们可以想像一种情况，即要对整个环境在空间三维上进行调整。一个建筑中具有不同形状的柱基和过梁时就会出现这种情况。然而，这是一个需要用能适应的弯曲平面来解决的问题。1992年，在塞维利亚世界展览会上，德国展馆（图4.8）的张拉结构和波浪起伏形的索网墙成功地说明了这种方案是可行的。

曲面上的光线

在曲面建筑中，屋檐和天窗突出的边界是一个很重要的部分。如果屋顶上的边界在建筑物的正面形成一个阴影的话，即使是很细微的曲线都可以看得出来。在Sant' Ignazio建筑中，屋檐在建筑物正面的阴影形成了一个连续变化的特征（图4.9）。波浪形表面上的阴影要比直线屋顶在平正面上形成的阴影变化得更显著。当将张拉结构用于让我们能意识到空间和时间的建筑上时，在设计中就可以采用这一特点。即使是在漫射光下，一个突出的屋檐或一个伸出的屋顶也很重要。

例如Collegio di Propaganda Fide学院就有一个很细微的曲面，在狭窄的街道上用肉眼很难看得出这个曲面。但是从下向上看，沿着屋檐，作为街道扩展的细微空间形状就清晰地展现出来（图4.10）。如果没有突出的屋檐以及它产生的阴影，观察者就很难发现这一点。连续突起的扇形薄膜屋顶也具有这样的效果。

图4.9
Sant' Ignazio 建筑立面的阴影

图4.10
沿着Collegio di Propaganda Fide学院的屋檐向上看，作为街道扩展的细微空间形状清晰地展现出来

但是，投射在波浪形立面的光和影的主要作用是突出一个非平面的几何形状，这种几何形状看上去比较轻盈。为了满足其轻盈的特性，巴洛克弯曲立面所展现出来的第一个意图是一个“小独裁主义建筑”(less authoritarian architecture)。张拉结构同样可以用于该意图。但是它们除了可能的弯曲立面屏之外，还具有一个甚至更大的潜力。它们不需要假装轻盈以避免独裁主义的特点，它们是由轻型材料做成的，这种材料使得光线能够穿透进入结构内部，增强了吸引人的效果。在巴洛克时期，由实心砌体制成的、令人印象深刻的并且可能是意义不明确的波浪形屏在薄膜建筑中是没有的。但是，它却被一种新的、不确定的、耐久的薄膜材料所代替，而这种膜材人们常常认为是易坏的、不耐久的材料。

贯穿整个建筑历史还有许多其他的例子，在这些例子中，曲面的利用在解决复杂几何形状问题上具有良好的效果，并带来了一些欣喜。因为曲面和扇形边界是张拉结构的一个固有的结构特点，因此它们应该被利用而不应该被废除。

5 公共领域的顶棚

贯穿建筑的发展历史，顶棚除了满足日常的功能外，它常常是创新的标志。张拉结构的屋顶和顶棚常常是一致的，因此，顶棚设计就值得更周密地考虑。

墙体属于最简单的结构和建筑元素，但顶棚和屋顶一直是一个结构的挑战——考虑到要经常要求建筑的创新和展示。贯穿历史，对大跨度和大空间的追求使得新的屋顶技术得到发展。传统上，一旦一个新技术产生了，它不但用于大跨度的空间，而且也用于建筑表达的目的。张拉结构由于具有覆盖大跨度空间的潜力，从而也得到了发展。但是最近它们也用于覆盖小的空间，其目的是利用它们在建筑上的潜力。

现代建筑中的顶棚

在现代运动中，对顶棚有了新的看法。理性主义者需要简单和不考虑装饰。在纯粹的功能标准下，顶棚就应该是一个简单的平面而不应是其他的东西。这种简化论与常规的发明一起，使得顶棚不被作为一种具有含义的建筑元素，而仅仅是空气调节管道和其他维修设备的方便容器。

最近，建筑师又开始对顶棚美化产生了兴趣。在建筑中，像伦敦附近的斯坦斯特德（Stansted）机场，顶棚增强空间特征的潜力得到了充分的展示。在这个建筑物中，顶棚引入、调整太阳光，成为这个建筑物的主要建筑特点（图5.1）。在这个现代化的机场航站楼中，如果没有仔细考虑建筑服务定位的话，这种方式几乎是不可能的。

对于采用半透明或透明张拉屋顶的建筑物，将维修设备隐藏起来的机会就减少了。因此在张拉结构覆盖的空间中，一旦对设备有要求时，必须对设备给予特殊的关注，可以结合特殊的设备点，采用抬高地面或其他一些合适的方式。一旦与纯粹的功能角色无关，顶棚能够再次用于建筑表达的目的。

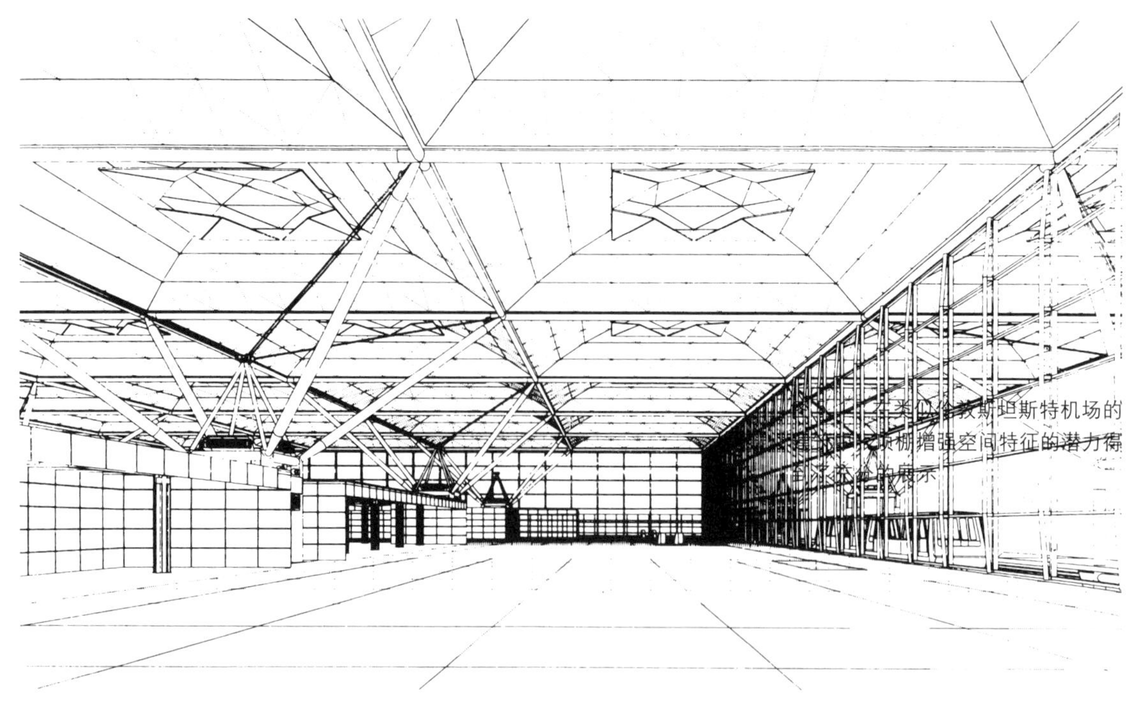

图5.1
在建筑中，如伦敦斯坦斯特德机场，顶棚增强空间特征的潜力得到了充分的展示

顶棚形成空间的等级

所有的建筑物都是由一组空间排列而形成的，这些空间都必须满足一定的功能。在一个建筑物中，空间的布置取决于它的功能。但是在一些布置方式中，总是有一些方式被认为比其他的重要。在公共建筑中，建筑师会展现出这种主次关系，以便使人们更好的理解一个建筑物。

就像在一个城市中一样，如果这种等级顺序被很清楚地理解的话，一个建筑物中的主要空间和次要空间需要区别对待。一个空间的上边界，例如顶棚，在表现功能方面的不同时，具有很重要的作用。

由于需要较大的跨度，在一个建筑的主要空间上面常常要求采用不同的结构体系。由于张拉屋顶能够跨越较大的距离，所以它们很适合用来在一个建筑物中覆盖较大的空间。尽管一个主要的空间必须满足不同的结构要求，显然，张拉结构能够在建筑内部和外部创造不同的建筑效果。

在剑桥施伦贝格尔建筑中，主要的和次要的空间在功能上的明确分隔使得不同的结构体系用于不同的组成部分：较大规模的活动和公共的设施是在薄膜屋顶下面，同时，较为私密的细分空间是在

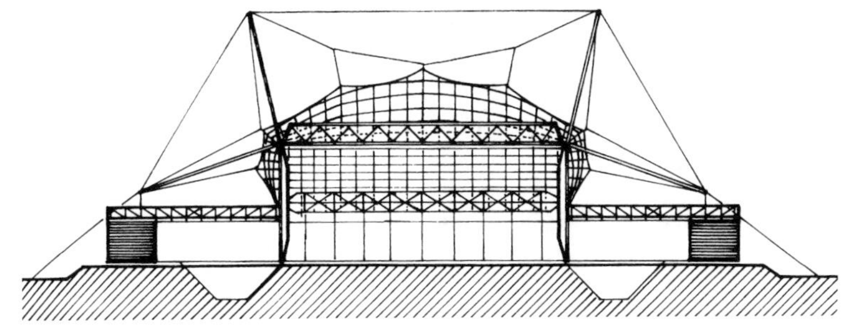

图 5.2
剑桥施伦贝格尔建筑的剖面图，展示了主要空间和次要空间在功能上的清晰分类

常规的平屋顶下面。无论是从内部还是外部来看，主要空间都是十分明显的（图 5.2）。

哥特式建筑和结构的重要性

在空间的重要性上有不同的方法可通过顶棚来展示。有些主要是由于艺术的本性，有些是由于结构方法的重要性。在现代活动中，理性主义者的观点试图说明形状是技术上的逻辑顺序，并且常常引用哥特式的建筑，因为它被看作结构逻辑方法中的顶峰代表。实际上，在哥特时期，结构的意识的确影响形状，但是空间上的需求同样在不断地发展，这使得结构知识不断地被质疑和扩展。当代张拉结构也从结构知识的发展中产生出来，同时结构的要求直接影响着形状和材料以及空间的表达。

本文对哥特时期的建筑如此有兴趣是因为它们的内部主要是由顶棚景观来展现的，结构的必要性和空间表达的愿望融入到一个更大的联合体中。特别是波西米亚的哥特式拱形圆顶体系的形状，这种形状与现代张拉建筑的一些形状有着惊人的相似之处。结构和内部空间彼此的相称是两种结构类型所共有的。两种情况在结构上的清晰展示，以及它们在形式和空间上展示出的巨大潜力使得它们之间的对比很有价值。

在哥特式建筑中，我们发现了一种很结实的格栅，这种格栅决定了柱子的位置。其结果是形成内部空间的一个附加手法，顶棚是柱子规则格栅的直接反应。但是在波西米亚后期的哥特式建筑中，随着结构的发展，形成了细肋连续网格之外的波浪形顶棚景色，具有更大的空间流动性。

布拉格城堡的 Vladislav 会堂是一个很好的例子，它是当时最大的一个非宗教会堂，并且是整个中世纪最大的会堂之一。作为一

图5.3
在布拉格Vladislav会堂里，以前的哥特式栅格附加特征的痕迹几乎完全消失了

个自主审美的因素，穹顶的重要性是很突出的。顶棚镶板的独立性与地面的区别是十分明显的。同样作为一件艺术品，顶棚的流动性也是显而易见的。在这儿，哥特式格栅附加特征的痕迹几乎完全消失了（图5.3）。张拉结构同样可以用来形成一个波浪形顶棚，以统一由重复成分形成的一个空间，但它们同样能够在一个连续的空间里用来确定不同的部分。

地面和顶棚镶板的区别在波西米亚式的建筑进一步得到发展。

在哥特时代的末期，我们能够在一些建筑中发现一种随意的特性。拱形圆顶的图案和周围的墙并不十分匹配。这已经被看作是对实体网状拱顶的强调，这个网状拱顶与地面格栅是完全独立的(Swoboda，1969年)。

对于张拉结构的应用，这是一个很有趣的方式。当空间的布置是以不规则的格栅或甚至是难看的形状为基础时，顶棚在视觉上的和在结构上的独立性则成为便利。在伦敦Imagination建筑的中厅空间里，强烈突出了这两个部分的特征：顶棚在视觉上的轻盈和实心的围护墙。这是两个截然相反的成分，却一起形成了坚实的、鼓舞人心的统一体，这个统一体同时显示出墙体和顶棚的特征。

这强调了张拉结构设计中一些有趣的方面。在一个空间内，波浪形顶棚的设计可以作为一个独立的元素，但是更为重要的是张拉结构的轻盈。当它们与常规结构相结合时，常规结构的强度与张拉结构的轻盈同时可以作为一种慎重的设计工具，用于创造显著的空间。

波希米亚的网状穹顶仅仅是给人视觉上的轻盈，而张拉结构实际上是由轻型材料建造。如果它们用于一个允许光线透过张拉屋顶的环境中，围护元素的强度与顶棚的轻盈之间的对比则更为强烈。

作为建筑方式的结构分层

Vladislav会堂的例子也展示了结构的分层和它形式上的表现是如何形成一种复杂的隐喻性语言的。各层只完成它本身的功能，而结构体系的分层（图5.4）只是一个方面。这同样也意味着简单形式的分层组合在一起就可以形成一个复杂的整体。尽管它的结果是一个建筑的统一体，但是在这个统一体中，形状、形式和结构各个方面交织在一起，具有一个共同的目的：营造空间。

如果我们观察一下Imagination建筑中厅屋顶的结构，我们会发现它也有一个结构体系的分层(图5.5)。薄膜是由被焊接在一起的小片膜材组成。由于膜材的半透明性，这些焊接接缝形成暗线。飞柱和它们的星形高点是竖向构件，由水平的、斜向相交的张拉索支承。它们的张拉力由水平的受压构件来平衡。这些不同的结构层在形状上的表现应该是由它们的功能要求决定的。

人们也可以设想一种张拉结构的设计方法，就是单个组件与其他构件不仅仅在结构上，而且在形式上相协调。人们可以设想更进一步的答案，即它们一起形成一个复杂的图像，这个图像常常在这

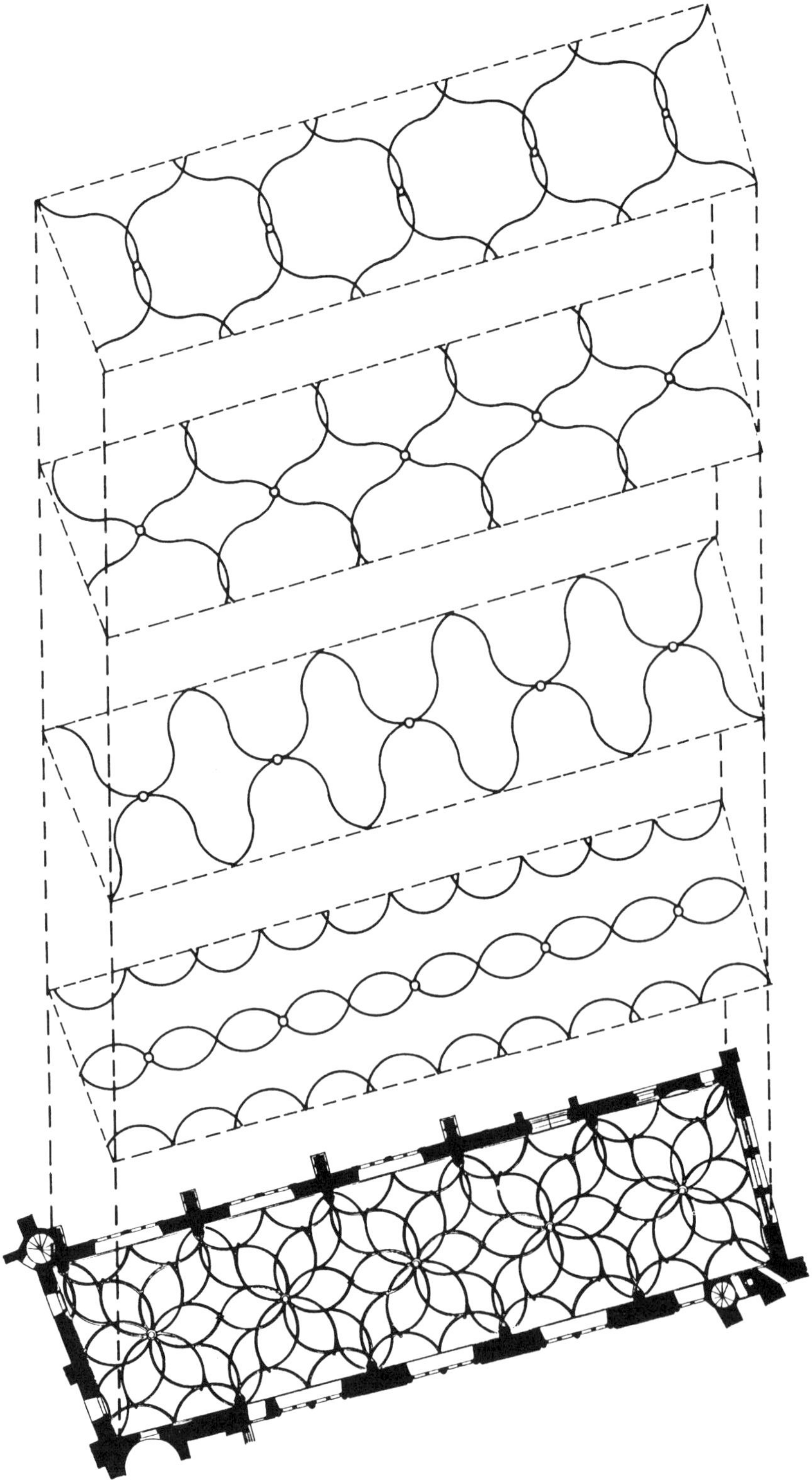

图 5.4
布拉格 Vladislav 会堂肋的分层

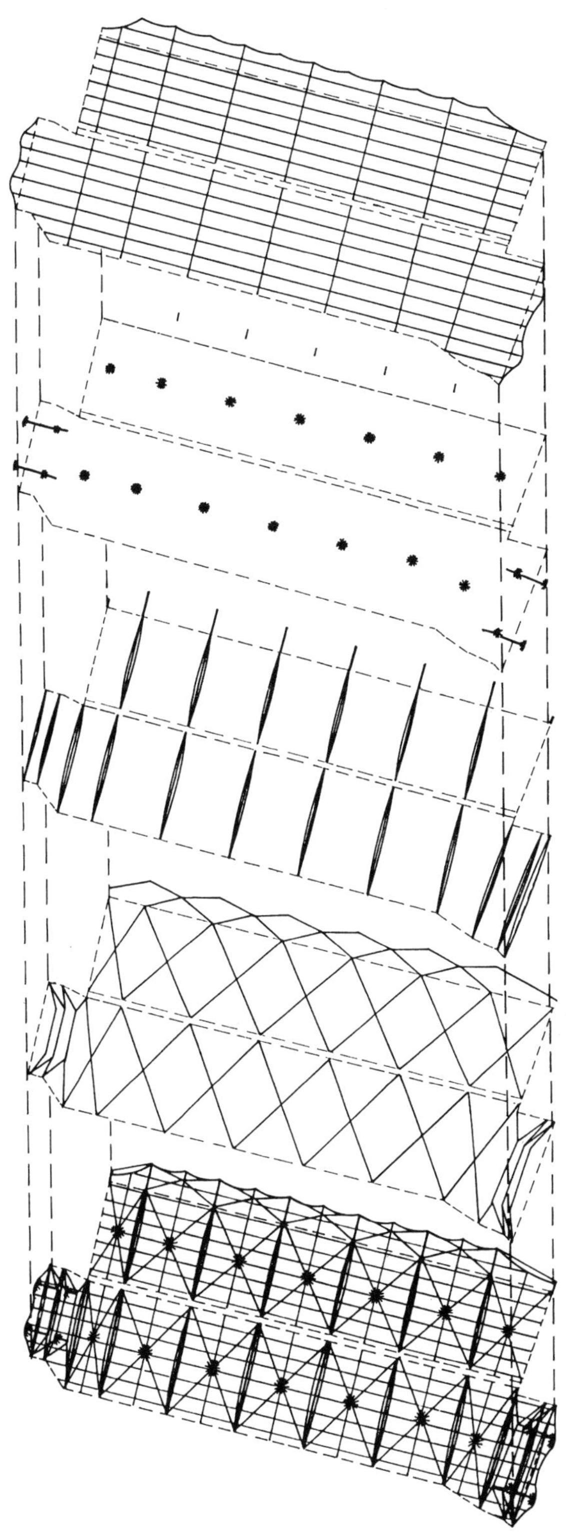

图5.5
伦敦 Imagination 建筑的结构分层

样一个三维的结构中形成整体的新印象。这具有一定的潜力，就像在Vladislav会堂中一样，会产生更特别的，并且可能是更富有意义的空间。

顶棚平面的图像和象征

紧邻Vladislav会堂的是一个楼梯间坡道，这儿的拱形顶棚更加清晰地展示出它的分层。如果沿着肋看，可以看到清晰的单一式样，并且分层变得更加明显。这儿的肋看上去不再相交而是具有主（从其他肋上面穿过）次（从其他肋下面穿过）之分。可是，两者在结构上是相互依赖的，这就是它们为什么会交织在一起的原因。

然而在这个实例中，顶棚所表现出来的已经超出了纯结构，它通过图像和符号而具有一定的含意。图像和符号对于建筑表现来说是很重要的。常常，一个景象或一个概念就成为一个设计的出发点。在Imagination建筑这个案例中，通过建筑师早期的草

图5.6
约恩·乌茨（Jørn Utzon）的草图，表现了空中飘浮的云的设想

图 5.7
顶棚在 Bagsvaerd 内的波浪形元素

图就可以很清楚地看到创作一个“包裹的”建筑印象的意图。如果在脑海中有所要展现的清晰的图像的话，建筑师就可以致力于建筑上的表达了。

从“不可及”的字面意思来看，贯穿整个历史，顶棚已经具有许多不同表达方式的主题，例如天空、天堂和无穷。波浪形的顶棚也能作为云的表达方式。在丹麦哥本哈根的 Bagsvaerd Kirk，约恩 · 乌茨很容易地实现了利用顶篷形成云状图像的目的。约恩 · 乌茨的草图清楚地表达出了天空中盘旋的云的思想（图5.6）。为了强调大量“云”的思想，我们发现在波浪形元素之间的光线是向下反射的（图 5.7）。

图5.8
布拉格圣尼古拉斯(St Nicholas)顶棚的天空景色

张拉结构也可以用来展现云、天空、天堂、无穷大等等，目的是为了增加空间的表现力，以便给结构体系更多的含意。建筑师已不再需要用轻盈的幻想来设计顶棚了，现在的张拉建筑就是用轻型材料建造的，能够满足人们让顶棚具有缥缈特性的期望。在巴洛克时期，在顶棚上都绘有云中天空景色的画，以给人一种轻盈的感觉(图5.8)，张拉结构并不是必须要否定实体的石结构。

我们今天仍用这种意喻，并且它仍然很有效，这可通过巴黎新

图5.9
施普雷克尔森的草图展现了浮云在新凯旋门的中空处的设想

凯旋门建筑最初的设计概念来说明。另一个丹麦建筑师奥托·冯·施普雷克尔森（Otto von Spreckelson）希望强调一个新拱门的垂直尺寸。对此，他设想“云彩”盘旋通过中央的开孔，并对这一想法的几种抽象的设计进行了讨论。最后决定采用轻型张拉结构修建所谓的*nuages*。然而，最初的设计只有部分实现了，很遗憾设计中的大部分没有实现，没有实现的这一部分充分地展示了一个孤云在新凯旋门中的含义。

内在的想像力和预期的意义

弗赖·奥托为卡塞尔音乐广场设计的结构，可能是张拉薄膜结构中最简单的形式，并且显示出在设计时就没有附加含义的目的。然而，它给人的印象却很深刻，并且它的结构很简单、很清晰。因此它也能唤起观察者的各种意象：一只在飞向边缘的鸟、一个将要被弹射到空中的机翼、丢弃的雨篷、游艇的帆等等。在他们的意象中，没有什么修饰的结构，但是由于极其简单，它们一样具有能够唤起人们遐想的能力，从而使得这些结构令人难以忘怀。

有时，当张拉结构与常规建造技术相结合时，它们就会失去一些唤起人们强烈联想的能力。一个特别的形状具有留下持久的和具有深刻印象的能力，这种能力并非是固有的和独立的，而是由于张拉结构与周围环境之间的关系而产生的。即张拉结构与建筑物的常规形状相结合后一样具有强烈的和易于了解的意象，这样的张拉结构在建筑上才是最成功的。

6 薄膜覆盖空间的采光

在建筑内部，光线对于空间的感觉常常是一个非常重要的因素。由于大多数膜材的半透明性，张拉结构可以让大量的光线穿透建筑的表面。然而影响我们对空间的感觉不仅是光的能量，还有光的特性。因此，光线在张拉建筑中的应用应该慎重考虑。

日光

日光是变幻莫测的，早晨的光线与白天和夜晚的光线完全不同。它的强度和颜色不断地发生变化，然而，光线的强度并不是最重要的。就像拉斯马森（Rasmussen）指出的一样，人类肉眼的接受能力大得令人吃惊：

> 明亮的阳光的强度是月光的250000倍，但是，我们在月光下看到的形状和在光天化日之下看到的形状是一样的。在冬天，从白色表面反射的光的能量比夏天从同样尺寸的黑色表面反射的少，但我们仍然可以看到白的就是白的，黑的就是黑的，并且我们可以很清楚地分辨出白底上面的黑字（1959年，第187页）。

这是由于一种被称为光线持久性的作用，光线的持久性是指人类的眼睛可以看到表面是由于它们对光线的反射。同样也有一个称为形状持久性的方面，就是指前面提到的不同光线的情况下，我们对一定形状的感觉是相同的。

尽管这听上去好像是人类能够接受任何类型的光线，但我们确实有过量的光线产生问题的情况。由于反射眩目的光，过亮的光源会造成眩目的效果。然而这可以通过在人眼接触到光线之前将其漫散来避免。有两种方法可以做到这一点：第一种就是太阳光或从一个光源发出的光在其从一个表面反射之前直接将其漫散；第二种就是表面的反射可以影响眩目的程度，也就是一个表面是光亮的还是粗糙的会影响从这个表面反射的光的漫散程度，并且一旦漫散了，光线就不会由于闪光而造成令人眩目的效果。

定向强光源的另一个问题就是它们会造成很暗的阴影，结果就形成了具有很强对比性的刺目现象。但是，这个对比性是被扩大了的，这是由于我们的眼睛自动加强了边界，所以看到的要比实际的强烈。因此物体似乎有一个固有的特性，而我们的眼睛由于不能调整到对照物，所以无法看到细节。

为了避免眩目的光和过暗的阴影，我们对漫射光有一个很自然的需求。对于人造光源，这常常通过灯罩和间接光来实现，间接光就是指一个扩散表面反射的光。在白天，特别是在太阳光直射的时候，能够利用百叶窗和窗帘来得到漫射光。由这种光形成的景象很柔和，也就意味着人们对边界的感觉不是那么的强烈，而且没有对比性。因此，阴影不太暗，表面的细部就越容易看到。

灯罩、百叶窗、窗帘都是由各种半透明的材料做成的。就像这些材料一样，结构上的金属片和织物对于日光来说具有灯罩的功能。由于膜材具有半透明性，也由于双曲膜面的扩展反射，传播到薄膜覆盖空间内的光是很好的漫射光（图6.1）。

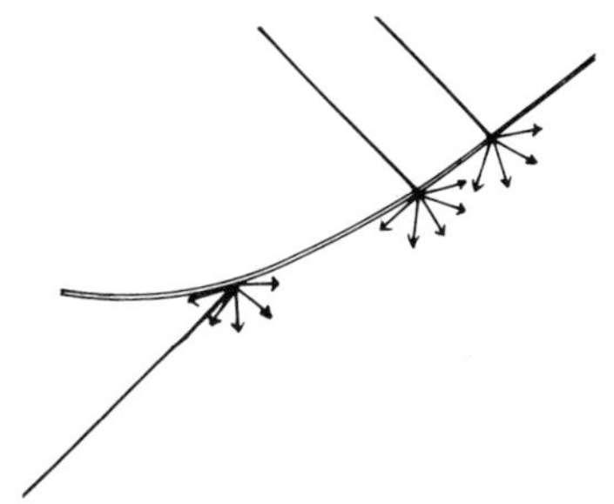

图6.1
穿透薄膜的漫射光

光的能量

当考虑到光的能量时，穿透到薄膜所覆盖空间内的日光的能量要比常规结构的多，认识到这一点是很重要的。

薄膜结构半透明的程度绝大程度上依赖于它的材料和强度。对于涂层为PTFE（聚四氟乙烯）的玻璃纤维膜材，其透光率的范围是5%～15%；对于涂层为PVC（聚氯乙烯）的树脂纤维，顶层再涂了PTFE的膜材，其透光率的范围是8%～30%。也有透光率高的透明金属薄片材料，但是，由于其耐久性和断裂强度而受到很多的限制。对于建筑膜材，常见的15%和30%的透光率并不是很高。但是考虑到每年有85%的时间室外最低的光照度为5000勒克斯（在欧洲中部的白天），那在室内将会有1500～3000勒克斯的光照度。然而，对于一个平均的工作空间，大约需要30勒克斯的光照度，也就是说薄膜所覆盖空间内的光照度是其10倍，但是，这也产生了问题。

对于在这么一个空间内部的人来说，屋顶的表面常常要比这个空间的其余部分亮得多。所以就会长久的有一个诱惑，向上看光亮的屋顶面，因为较亮的光线会吸引我们的注意力。在这种环境下，人的眼睛会适应屋顶上较强的光，从而使底部空间显得黑或暗。所以，确保底部空间表面的反射光是十分重要的，例如在墙面和地板等处采用发光材料或有其他的照明光源。

在Imagination建筑的中厅空间中，墙面涂以白色来获得大量的反射光。附加的低灯可用以补充较低处的光亮度，目的是使反射的光比吸收的多。通过这些方法，得到了一个十分均匀的散射光。

附加的直射光源

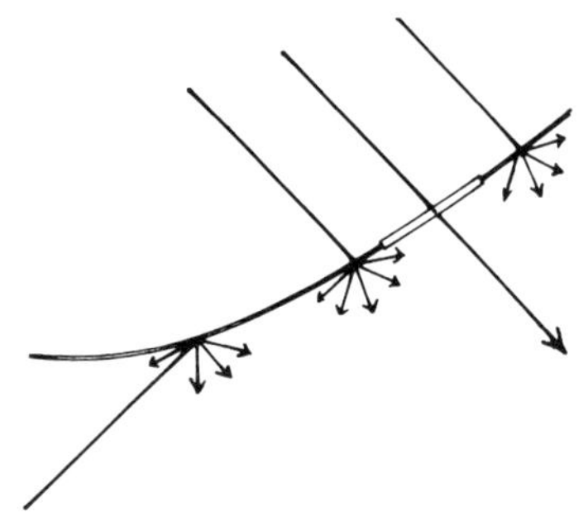

图6.2
穿透薄膜表面半透明区域的直射光

当漫射光逐渐增加时，直射光就变得越来越重要。过多的无方向的、漫射的光不仅弱化了阴影，也能够使其亮到一个难以显现的程度。对于我们理解表面构造和轮廓来说，阴影是很必要的，所以直射光的供给也是很重要的（图6.2）。

这一效果很大程度上依赖光的矢量：光的照度比。尽管这个矢量：照度比并不完全确定光的立体效果，但它仍然是一个有用的计量单位，它显示出人们喜爱的光的矢量：照度比范围是在1:8和1:2之间，这是以人脸的立体模型为基础的（Wilkinson，1984年，第226页）。很难说相对于半透明的区域，要有多少透明的区域。但是，意识到两者都是非常重要的，并且目标就是上面所给出的这个向量：照度比的范围，这是很重要的。

直射光进入室内空间有两种可能性，最简单的是通过常规的窗户，它能够增加薄膜覆盖空间漫射光的强度。当不能够或不希望有常规窗户时，可以在薄膜屋顶设计中增加透明的表面，以使直射的太阳光射入空间。在布尔（Bull）（案例研究8）的正厅中，我们能够发现在各个构造窗格之间采用了透明的单元。这可以使直射太阳光射入空间，并在内部墙上形成一个连续变化的图形。穿透薄膜的漫射光，使得阴影被弱化，从而光亮与阴影区域之间的对比不是很强烈。这就产生了一个真实的平衡，这个平衡能够使我们看到纹理和构造，也能够产生足够的阴影，从而显示出细节。其原因就是采用十分简单的材料，将它们放入一个恰当的光线下，却给人留下了深刻的印象。

在薄膜屋顶设计中，添加附加的直射光源有许多种方法。就像布尔中厅一样，在意大利M&G研究中心（案例研究7）也采用了透明的拱形屋顶结构。这两个例子都说明了在膜单元之间采用透明性材料的可行性。另外一个例子就是巴黎的新凯旋门（案例研究6），在高点圆环处采用了玻璃。在斯坦福码头（Stamford Wharf）的案例中，透明的玻璃作为各个膜单元扇形边界间的中介构件。张拉结构的形状千差万别，对于设计师来说，总能找到一种新的方法来创造透明区域。

窗户或透明屋顶元素远比进入空间的定向光重要。薄膜所覆盖空间的外观也很重要。就心理学方面来说，视觉上的联系也很重要，因为它可以降低封闭的感觉，并且能够展示出内部空间与外部世界是如何联系的。直接的视觉对于全面理解一个人在时间和空间中所处的位置来说是一个参考。内埃米（Ne'eme）的作品确定了在常规建筑中，若窗户的面积不到外墙表面积的20%，居住者会不舒服的（Stone，1984年，第278页）。对于薄膜覆盖的空间，则很难给出一个类似的数值，也很难评价入射光和向外观看的重要程度，它所能体现的就是对两者都有一定的要求。尽管半透明膜材所覆盖的空间具有大量的入射光，但是人们向外观看的需求也同样需要考虑。

隐藏光源

在薄膜和常规结构连接处，光线的引入存在更多的机会。如果我们以Imagination建筑为例，可以发现，薄膜在端墙上是被“包裹的”。一细长的、向外倾斜的玻璃面将薄膜和墙体在视觉上分开，而不是将薄膜直接固定在端墙上。

采用隐藏光源的方法经常应用于巴洛克建筑中。我们也能够发现，为了得到直射太阳光而在其周围墙体上设置的窗户，以及来自半球屋顶的漫射光。但是漫射光源一般是看不到的，只能感受到在突出立柱上的光环效果，这个突出的立柱能把入射光反射到圆屋顶。

同样，隐藏光源能够用来使薄膜屋顶形成连续起伏、空中盘旋的印象。在巴洛克式建筑的例子中，隐藏光源对于照亮圆屋顶是必需的，而张拉结构中的膜材使大量的光穿透到它们所覆盖的空间内。因此，在这种空间内，对于光的数量来说隐藏光源并不重要，但是对于效果来说，它们都是很重要的，特别是当薄膜屋顶上没有更多的透明单元时，而且它们对于提高薄膜结构形状的清晰程度是一个很必要的方式（图6.3）。

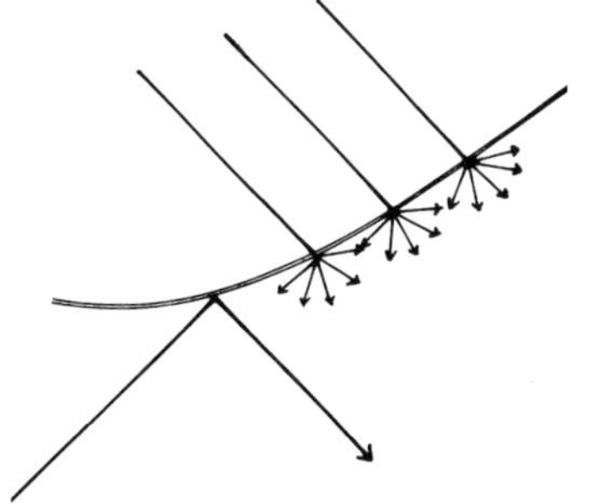

图6.3
隐藏光源发出的光

形状的清晰程度

光线自身是无法被看到的，除非它投射到一个表面上才能显现出来。反过来，由于光线，我们才能够看到一定的形状。一个结构表面和它反射的光之间是一个相反的效果。在巴洛克式的建筑中，隐藏光源发出的光能够照亮圆屋顶，从而观察者能够对形状的精巧之处和细节有一个充分的认识。曲面和球面的几何形状在光的照射下效果最好，因为光线从亮到暗逐渐变化，显示出光线随着曲面形状而消退。

在具有半透明薄膜建筑中的效果是不同的，根据其透光率的不同，光线变化也较大。除非一个设计师知道如何增强薄膜形状的清晰度，不然由于大量透过膜材的漫射光，效果会完全消失。拉斯马森描述了一个平衡照射表面的实验，指出了必须面对的困难。

> 让我们设想一下，我们正在观察两个白色平面相交形成的突角。如果两个平面是由能被控制的光源均匀地照射，调整光源使得两边看上去一样亮。在这种情况下，肉眼就看不到这个突角了（1959年，189～190页）。

但是，这并不是意味着在半透明膜材覆盖空间内的观察者无法看到复杂的形状。拉斯马森解释说，由于人眼具有立体的特性，人们还是能够看到复杂形状的，特别是当它与其他平面相交时。但是，当由这两个平面反射的光的数量没有区别时，就失去了让形状清晰的必要方法。如果光照是均匀的，改变光照的程度并不能够改变这一情况。但是，如果一个平面上的光照度改变了，就会形成显著的区别，就能够清楚地看到那个角，即使总的光照是很弱的。

由于它的透光性，薄膜结构内很明亮。薄膜内表面大量的漫射光形成了均匀分布的光雾，因此，看清其形状并不容易。但是就像前面所说的例子那样，增加附加的直射光源就能够避免这一情况，如增加一个隐藏光源，这将会照亮面向光源的那一部分薄膜（图6.4）。这个附加光源没有照射到的部分会显得暗一些，依靠内表面的纹理，这一效果还能被进一步增强。两种不同的可能性都是依赖于薄膜表面下浅角处反射的光。

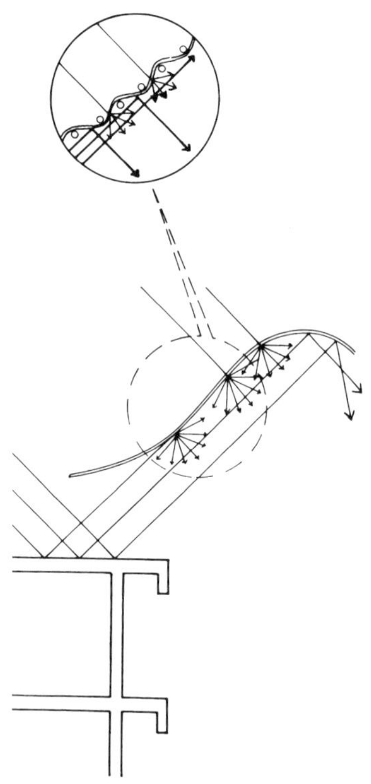

图6.4

间接光形成清晰的薄膜形状

如果编织膜材的表面纹理足够粗糙的话，由于是曲面，当纤维从不同的角度接收并反射光线时，薄膜内表面上的光线会产生细微的变化。如果表面很光滑，光线会在曲面上形成耀眼的光斑点。在这两种情况下，由于增强了表面的轮廓线，薄膜的形状变得更加明显。

然而，对于薄膜内表面，这一效果可能很难被察觉到，除非有一个相对很强的光源来平衡穿透膜面的大量散射光，所以应该注意反射面的角度和材料。在所有可能的情况下，一个明亮的光滑表面会比一个暗的、粗糙的表面反射的光多。

水可以作为很强的光线反射体，还能够增强薄膜内部的活泼格调。在意大利热那亚的港口，由伦佐 · 皮亚诺重建的Bigo Tent帐篷就是这样的一个例子，它既有透过薄膜表面内透明区域的直射光，也有水表面反射的光。太阳光透过透明的、眼帘形状的玻璃孔在透明膜材上形成的光斑，展示出了其精巧的曲面（图6.5）。在更低处，沿着扇形边界，薄膜下水面所反射的强烈太阳光形成连续变化的图案（图6.6）。尽管屋顶结构的曲率很小，但可以看到其曲面形状。

图6.5
穿透透明区域的直射光在Bigo Tent帐篷的薄膜表面上形成光斑

图6.6
从水的表面反射到Bigo Tent帐篷的薄膜表面的光

这个例子显示出引入微光而不是直射光，并将其向薄膜表面反射的重要性。采用以上建议的方法，如采用玻璃或隐藏光源，形状——作为建筑物一个重要特征，在太阳光下就可以清晰地显示出来。

丰富的光谱

膜材和金属不仅作为漫射体也可作为过滤体，吸收或反射全部光谱中的一定波长。因此过滤的光并没有太阳光丰富。玻璃也具有同样的作用，它也反射和吸收一定波长的光。尽管如此，穿透透明玻璃的光与穿透大多数薄膜结构的光一样并不改变颜色和特性。

为了验证特殊色彩的太阳光的全部特性，依据一天和一年时间的变化（例如早晨的绿色和蓝色，日间的蓝色和白色，夜晚的红色和紫色），在覆盖的空间内，穿透透明表面的太阳光是必不可少的。穿透清晰玻璃区域的光或薄膜下表面反射的光，照射在薄膜的曲面上，增强了屋顶形状的清晰度。除此之外，当它与漫射光一起穿透薄膜时，漫射性小的太阳光有利于形成一种更加有刺激性的和丰富的光源。（然而，居住者对这一效果的意识程度可能部分上是潜意识的。）

通过这些方法，可以在一个建筑物的内部获得到一个相对较广的光谱。对于那些不得不在大型建筑物内部工作几乎一整天的人们来说，这是一个很重要的健康问题。除了正面刺激性的作用之外，太阳光还比人造光健康得多。常规结构通常是一边有光或至多有一些屋顶光源，与其相比，薄膜结构所覆盖的空间内的太阳光的数量要多得多。这大大增加了UV光的数量，而UV光能够改变一个空间内的卫生状况。

光线和色彩

光线的色彩对空间感以及观察者的视觉舒适性有很强的影响。如果这个空间采用暖光，感觉就很舒服，反之，如果采用冷光就会令人很不舒服。反射光的彩色表面能够影响光的颜色。克里斯托弗·亚历山大（Christopher Alexander）等宣称：“我们都知道人们对于不同空间的相对暖或冷有一个清晰的主观印象（1977年，第1155页）。”基于大量的经验结果，他们的研究揭示了暖色光的最大值在610毫微米的主波长处，这也是橙色范围的中部。并且，他们强调个别观察者稳定在这一结果处。

蓝色和绿色被认为是冷光，但是涂以蓝色和绿色的空间给人温暖的感觉。因此就像亚历山大等指出（图6.7）：

> ……记住这种模式只要求光——房屋中间的光，来自于太阳光、人工光、从墙上反射的光、从外部、从地毯反射的光——是位于我们称之为暖光的彩色部分是很重要的，它并不要求房间中的个体彩色表面是红色、橙色或黄色，只是所有的表面和光产生作用时，在房屋中间产生的光位于这个彩色三角的暖色部分（1155～1156页）。

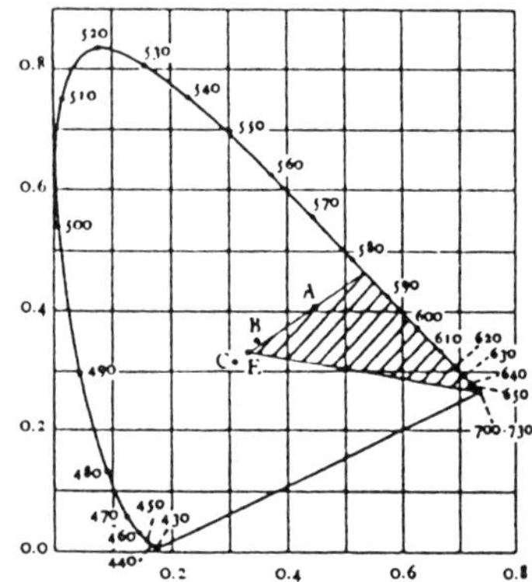

图6.7
暖色光范围的颜色图

一个人可以很容易地想到利用彩色的膜来影响人的空间感。穿过薄膜的着色漫射光同自然光一起形成的混合光可以用来形成一个令人满意的氛围。这个混合光要么是薄膜下面的反射光，要么是折射光。

夜晚的人工光

当采用人工光源时，在夜晚，人们对薄膜覆盖空间的感觉是不一样的。如果采用内部照射，这个建筑物将会在夜晚的天空成为醒目的发光体。由于膜材的半透明性，采用向上照射膜表面并不像照射内部空间那样有效。因此夜晚的人工光应该仅仅用于照射薄膜的表面。

依据采用的膜材种类不同，大量的光会从膜的内部穿透到外部。因此采用低光作为主光源来照射下部空间常常是必需的。在这种光下，形成的阴影与白天的不同，并且这种光并不柔和。然而，在夜晚，向上照射的光对薄膜结构的清晰程度是很重要的，它们在夜晚必须完成白天的间接光源所完成的任务。因此向上照射的光也应当从一个浅角照射到膜的表面上，以强调薄膜的纹理和形状。

由于膜材之间的重叠，焊缝处的透光率要比焊缝旁边的单层膜低，因此，它们在膜的表面形成暗条。前面已经提到过了，人的肉眼对对比很敏感，这在其他情况下可能是不利的，而在这种情况下却是有利的。由于间接光源和人眼的立体效果，这种焊缝很清晰，并且作为薄膜表面的一部分，它们沿着双曲的几何形状增强了结构的曲面效果。

这些焊缝在白天很突出，增强了形状的清晰度，但是，在夜晚就不如白天明显。如果这些焊缝增强形状清晰度的作用在夜晚有所要求的话，薄膜屋顶就应该从外部被照亮。

日光和人工光都对任何薄膜所覆盖的空间具有重要的影响。由于建筑膜材特有的半透明性，在张拉结构中，光的使用发挥着越来越大的作用。如果在设计过程中，对光的特性和能量关注程度不够，那么完成的建筑物会令人很不舒服，因为，即使膜面是明亮的，其内部则非常的黑或暗，甚至于幽闭。尽管如此，如果一个设计师懂得如何利用膜材的特殊属性来发挥较好的作用，那么，其结果会很好地照亮内部空间，形成一个几乎神奇的效果。

7 薄膜覆盖空间的环境方面

在前面一章，我们讨论了薄膜覆盖空间的采光问题，在这一章，我们将讨论由于选择不同的膜材对张拉结构所覆盖空间保温隔热和声音效果的影响（Battle，1991 年，34～38 页）。

在任何一个建筑中，无论是张拉式的还是传统的，光线对视觉和温度的影响应保持平衡。薄膜结构能够从大量透过膜材的太阳光中受益，但是由于膜材质量较轻，以及其绝缘性能，它们对环境同样也很敏感。对一个建筑物来说，好的设计应该能够达到一个平衡，即使其具有良好视觉效果而不需要大量的能源来控制室内温度。因此，在张拉结构中结合其他一些环境标准来考虑太阳光的影响是很重要的。

采用薄膜结构的危险之一就是利用了薄膜结构各种各样的优点，如半透明性、低成本、灵活性、施工速度快，却没有同时认真地考虑环境因素。根据期望的内部环境标准及当地环境情况，需要认真地选择膜材。就这些环境因素来说，无论是采用索网结构还是纯薄膜结构都是不重要的，重要的是热量平衡，即：热量的流失和热量的获得，这是很关键的。应该考虑整个建筑物表面的热量流失和热量获得之间的关系。

作为过滤器的膜材

当我们设计轻型膜结构的时候，将它们看作是环境的过滤器而不是气候的阻挡物更为合理。它们能够缓和并调整外部气候而不是完全地将气流排斥在外面。

当设计结构表层的时候，在炎热气候环境中的目的是让热量的流失大于热量的吸收，在寒冷的气候下正好相反。就像已经提到的那样，轻型结构对环境非常敏感：随着太阳的照射，它们的温度几乎立刻就会升高，同样，当外界温度开始下降的时候，它们的温度也会很快地降低。这并不必然成为一个问题。例如，如果轻型结构用于覆盖间断使用的空间时，这一特点就能够在需要的时候使空间内的温度迅速提高，而不需要连续地加热。因此在特定的环境下，膜结构这些特点就能够用来节约能源。

薄膜作为结构表层用于完全封闭的建筑还处于发展中，为了有利于探索和可能的发现，环境方面的不足之处在一定程度上还是能够被接受的。尽管如此，在我们这个环境资源不足的时代，为了建筑物中的升温和降温而造成的过多能源消耗仍然是无法接受的。当采用薄膜结构作为建筑物的部分维护结构时，设计师必须用心去了解环境方面的问题。然而，当我们将薄膜建筑与很传统建筑物相比较时，应该更多的考虑综合的能源平衡而不是仅仅考虑热量的获得和流失。较多热量的获得与流失而引起的能源消耗将会与穿透薄膜的大量太阳光相平衡。根据所选择不同膜材的透光性，如果巧妙地加以利用，太阳光能够提供给结构大量的照明，从而大大降低人工照明的需要，节约了能源。不仅如此，由于太阳光具有丰富的光谱，从自然的太阳光获得的照明常常具有更好的性能，并且，光线强度和颜色的连续变化使得建筑物的使用者能够意识到一天中的时间以及外部气候的变化。

薄膜结构在寒冷和炎热气候中的应用

为了更好地理解薄膜结构的热能特性，分别考察它们在寒冷和炎热气候下的性能是十分有用的。

在寒冷的气候下，主要的问题常常是由于膜材引起的过多热量损失。如果能够允许一定的热量损失，除了有高度绝缘要求的建筑物外，首先考虑薄膜结构是否具有一些内在的特性能够抵消这种损失是很有意义的。

在白天，充分利用穿透膜材的太阳光所获得的热量就能够降低对热量的要求。所以薄膜结构应当被设计为允许外部环境的热量传递到建筑物的内部。但是，重要的是膜材能够保留住热量，使其在建筑物中保留的越久越好。这也就是说，薄膜结构应该被设计用以增强温室效应，就像下面所述的一样。

一个建筑物表层的热能特性和视觉效果是由它反射、传递、吸收电磁光谱任意部分的方法决定的。透明材料如玻璃将会传播太阳光中的短波，也会反射一部分太阳光的长波，这些长波是由于建筑空间的内表面被加热而释放出来的，其结果就是使得内部气温上升，这就是所谓的温室效应。在薄膜建筑中，通过采用透明的和半透明的膜材可以达到这一效果。当采用透明膜材时，具有低反射率的涂层能反射长波光，这种效果还能进一步被提高。这样的膜材能够与透明绝缘体结合使用，从而能够降低热量向大气层的扩散（图 7.1）。然而，在夏天较热的气候里，这一方法也会

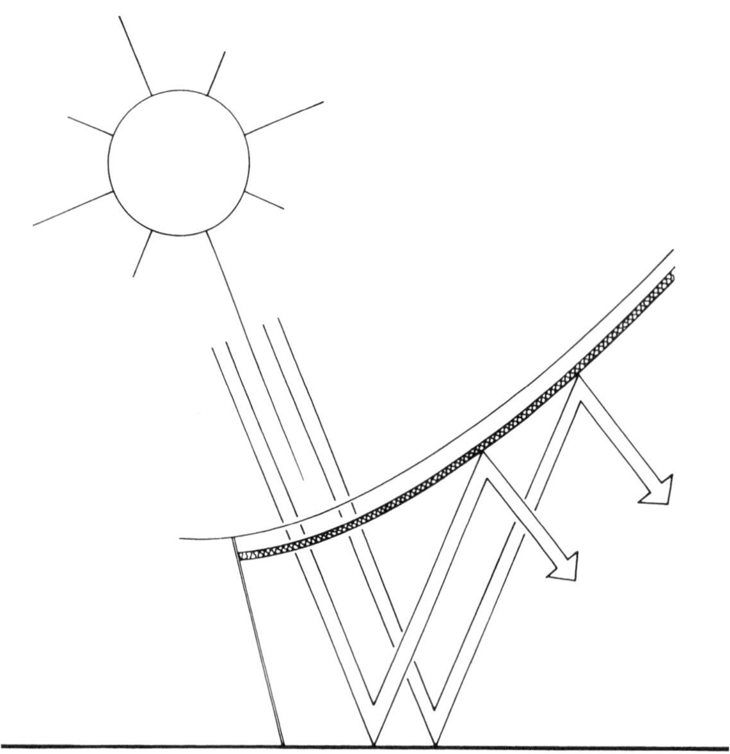

图7.1
薄膜建筑能够利用温室效应作为其优势

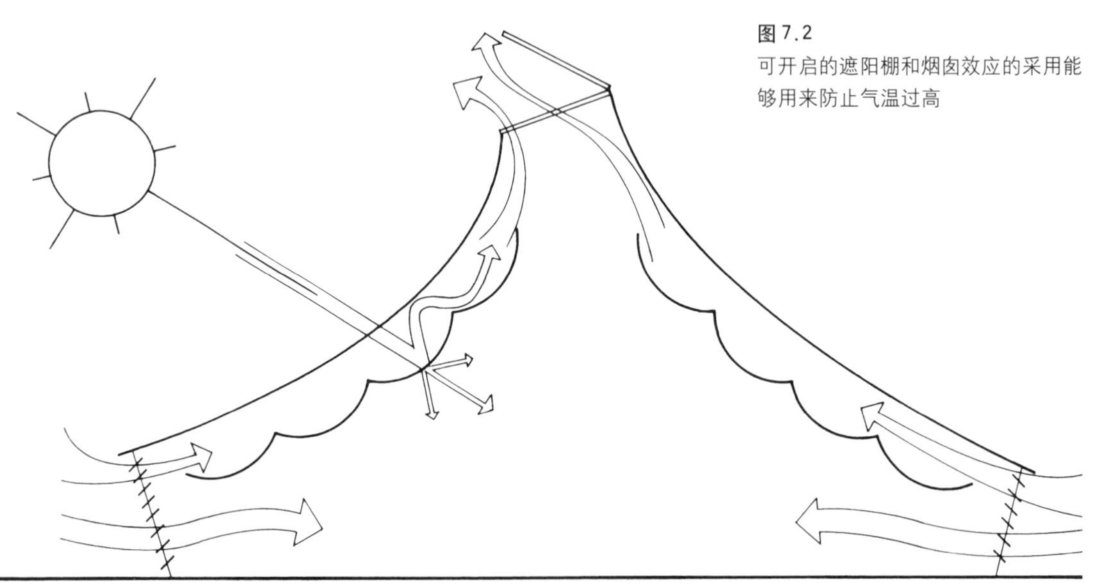

图7.2
可开启的遮阳棚和烟囱效应的采用能够用来防止气温过高

导致所不希望的过多热量。为了防止这一现象，应该在设计中采用可开启的天窗或者是绝缘体材料。另外一种防止温度过高的方法是与合理布置的高通风孔和低通风孔相结合的烟囱效应（图 7.2）。

就像前面所说的那样，在设计薄膜结构时，一个合理的方法是仅仅将薄膜结构看作为一个过滤器，用来形成一个中间温度区，作为一个外部气候与建筑内部环境的调节器。

Imagination 建筑的中庭

这种类型的一个例子是在伦敦 Imagination 建筑 6 层的中庭。这个中庭作为一个传递空间，它不需要环境调节就能达到与周围办公室相同的舒适程度。张拉结构使得太阳光能够照射进这个中庭，使它在冬天也能够保持温度。附加的热量是由相邻办公室所损失的热量提供的，再循环器用来将薄膜屋顶下聚集的暖空气转移到需要它的较低空间，从而使空间内的温度分布比较均匀。

在夏天，屋顶处采用可开启的天窗能够形成自然通风，增大空气体积，可防止中庭温度过高。然而，在单层、顶层长廊里的空气体积非常小，并且要求具有较舒适的环境，此时可采用双层膜材以增强隔热性能（图 7.3）。

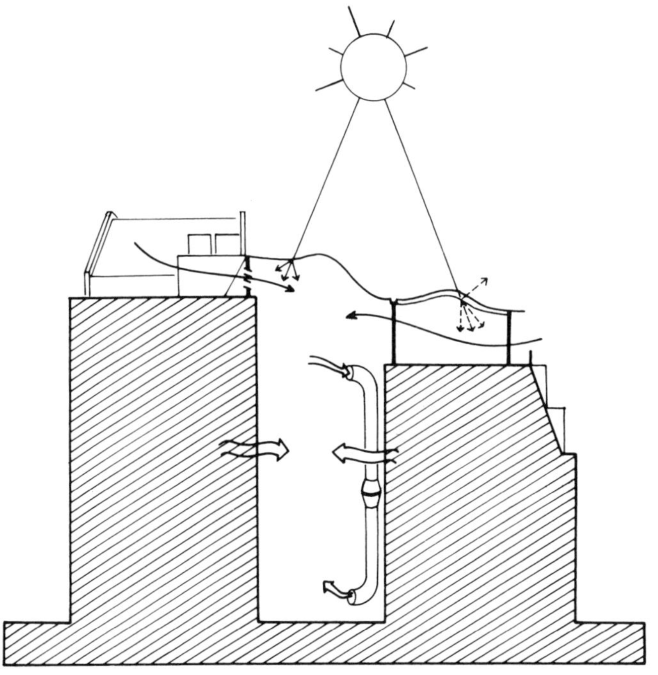

图 7.3
在一年当中，薄膜材料良好的透光性大大地降低了建筑内部人工照明的电力需求

在炎热和阳光充足的气候里，因为获得热量过多，所以我们必须采取措施加以控制。当大量太阳光的吸收成为一个问题，并且允许一些太阳光射入室内时，采用反射的外层膜可以降低太阳光的吸收。另外，可以采用低散射的内层膜防止来自较热膜材的热量再次散发到结构空间里。第二层膜可以进一步改善建筑物内部的气温，如果两层膜之间的夹层能够通风的话将会有更大的益处。由于烟囱效应而形成的移动空气层有助于带走过多的热量，因此它对于进一步调节内部温度很有帮助。

科威特 GCC 会议中心

将以上理论应用于实践的一个最新实例是位于科威特的GCC会议中心，它是由建筑师赫恩（Hohn Rower-parr）同结构工程师阿特利·温（Atelie One）以及设备工程师阿特利·登（Atelie Ten）共同设计的。这个会议中心代表了在炎热环境下应用张拉结构的最高水平，因为它完全暴露于沙漠的阳光下，并且，它在其他方面也是顶级的。这个设计队伍不得不面对为皇家及政府首脑提供一个舒适环境的挑战。在海湾战争的影响下，他们必须在116天内组建并装备好。由于游牧民族的传统是使用帐篷，这些结构在阿拉伯国家被广泛的接受，虽然业主（科威特劳务部门）最开始对薄膜结构能否提供他们所需要的、有较高要求的会议设施表示怀疑，设计者们则对创造一个舒适的内部环境给予了高度的重视。

在GCC帐篷式结构中，白色的外层薄膜被用作是一个遮阳层，这一层有70%的反射率，以便吸收最少的太阳光。里面薄膜是由三层组成：一个是白色的PVC外层，紧接着是75mm厚外包金属片的无机绝缘材料，最后是白色的PVC作为内层。通过自然通风，在内层与外层薄膜之间较大的空气间隙中消除了内层的热传导和再辐射。热量的获得使得外层薄膜下面的温度升高，形成一个好的现象：空气向上流动，通过结构顶部的通风帽排出。这种双层通风系统确保热量总的传递量不会超过10%。尽管如此，在这个案例中，业主仍然坚持要求安装一个附加的空调系统，以防止这一被动系统失效而无法达到政府官员所要求的舒适环境（图7.4）。

万能帐篷

另外一个使用薄膜结构的特殊例子是由未来系统（Future

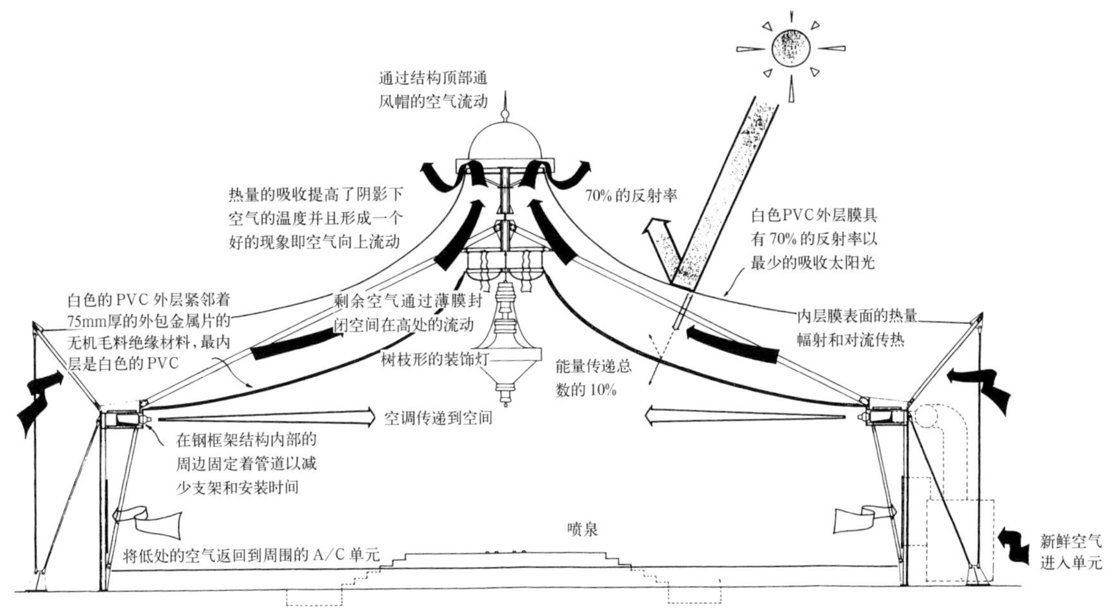

图7.4
科威特GCC会议中心的剖面图

System）建筑师简·卡普里奇（Jan Kaplicky）和安曼达·里沃特(Amanda Levete)与环境工程师阿普鲁事务所共同设计的万能帐篷(Universal Shelter)。虽然它仅仅是一个遮蔽物而不是一个完全封闭的建筑物，但它却采用了较高性能的膜材，创造了一个适合居住的空间。业主要求采用一种比帆布帐篷性能更好的遮蔽物，这种遮蔽物常常被在第三世界饥荒严重地区工作的援助组织使用。这个可拆卸的结构必须为飞机或陆地车辆的容易运输而设计。这一工程特别有趣，因为它充分利用了对完全封闭建筑物来说特别重要的效果。在这个遮蔽物的设计中，采用了土作为其吸热体，以便获得较好的阻热性能。同时一个单体的多层膜控制了辐射的传递并遮挡了风雨。

由多层PVC膜材组成的表层张拉在12个辐射状的可折叠的肋之间，形成伞形（图7.5）。在白天，当太阳高高照射时，外部的气温高达47℃，白色的外层表面膜几乎反射了全部太阳光的80%。内部的金属表面具有很低的发射率，从而确保了较少的热量传递到内部。三层薄膜间的黑色层能够使得日光无法穿透薄膜。当室内温度大约保持在25℃时，地面作为热量的吸收器，使内部空间保持一个理想的温度。当外部气温下降高达20℃时，地面对温度的吸收也会阻止在夜晚气温急剧下降。在白天，吸收的热量会被反射回遮蔽物下的内部空间。薄膜内部银色表面的反射阻止了热量流失到夜空中，从而使遮蔽物内的使用者感觉到很温暖。

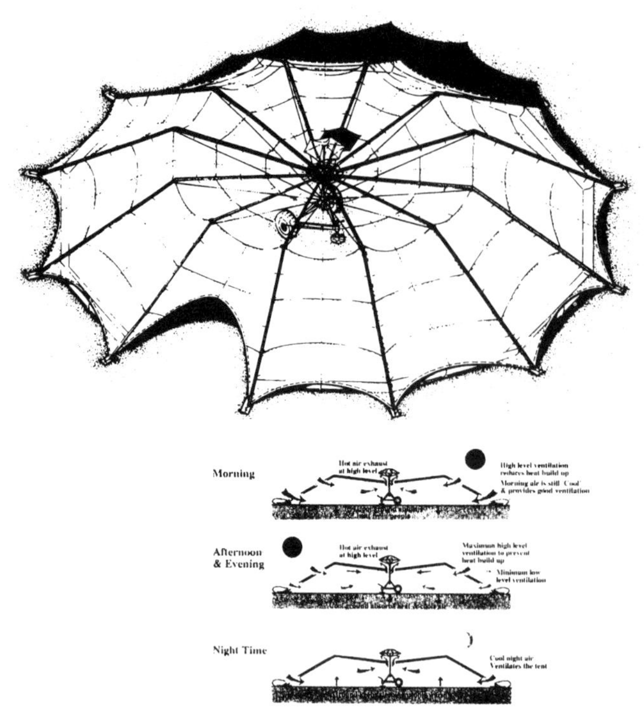

图 7.5
万能帐篷轴测图

就将轻型结构与阻热性能相结合方面的优势来说，万能帐篷同样适用于大多数的建筑物中，特别是当张拉结构与传统结构结合时。即使在极端气候下，这些建筑物阻热性能和轻质的表层的结合仍然能够提供环境功能方面的优势，并且能够大大的减少由于升高或降低内部空间的温度所需的能源。

阻热和轻型结构

将轻型外皮结构与较为坚固的常规结构相结合的建筑已经存在，所以这并不是一个新概念。但是，万能帐篷设计人员很明确地将保温隔热作为环境设计的主要目的，这一主要的设计思想具有新颖性和创新性。了解了这一工程功能，在设计薄膜建筑时，考虑到一个建筑所有组成元素的环境特性，可以采用一种新的设计程序。

对这一原理最恰当的展示是由比利时建筑师菲利普·萨梅(Philippe Samyn)设计的Sinco集团的研究中心（案例研究7)，在这一实例中，建筑物周围的湖也被加以利用，成为室内空间环境控制的一个因素。设计师有意在内部采用了混凝土结构和厚地板以

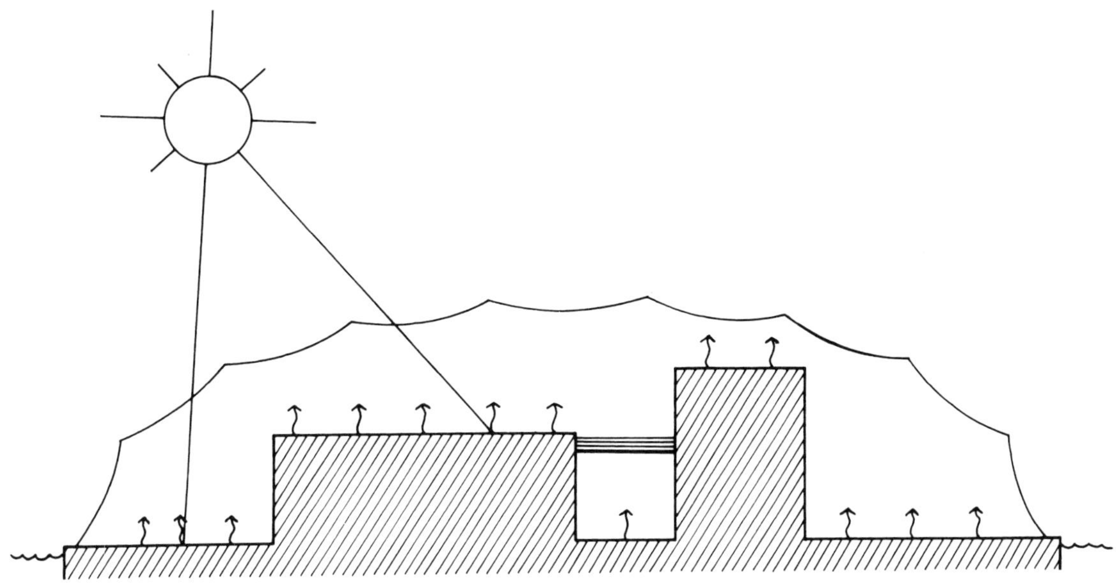

图 7.6
混凝土结构的阻热性能能够获得较好的保温隔热效果

获得良好的阻热效果(图7.6)。建筑物周围的湖水将外部空间的温度降低，并且，进气的通风口设在水面高度处，以保证在空气进入建筑物内部之前温度能进一步被降低。薄膜屋顶完全覆盖着下面的工作空间，在其内部形成了一个中间空气层，从而降低了建筑物的内部空间对能源的消耗。

厚实的和轻型的结构相结合还有其他的方法。利雅得的外交俱乐部是用半透明的薄膜覆盖跨度很大的空间，这一空间的背部是一个较长的、厚实的、用于居住的墙体（案例研究2）。墙体的砖石和混凝土使得建筑物具有很好的阻热性能，为举办对环境要求高的活动提供了空间。

通风的要求

当张拉结构与具有阻热性能的常规结构相结合时，无论张拉结构在其上、在其中间还是在其前面，所有这些可能的结合方式都有一个共同的重要要求：无论它们是在炎热的、寒冷的还是温和的气候环境下，都要有一个合理的通风设施。如何才是合理的，这主要依赖于每一个具体建筑物的设计。为了理解将高处的和低处的通风与半透明的膜材和重型结构相结合的原理，学习一下由爱德华·S·穆尔（Edward S. Morse）1882年发明的称谓“空气收集”的设计是很有用的（图7.7）。

由具有阻热性能物体所支承的或围绕的空间能够存储来自太阳光的热量，从而营造一个通风的中间空气层。当热量从这些具有阻热性能的物体再次散发出来时，不同的通风组合会有不同的情况。在新鲜空气进入房间之前会被预加热（图 7.8）。在夜晚，循环空气会被再次加热（图7.9），使用过的空气会从房间内排出（图7.10）。最后，为了防止过热，空气可以直接排出以带走过多的热量（图 7.11）。在这种情况下，轻型表皮的形状和阻热物质热量的再散发能够加强建筑的阻热效果。

一旦有了各种通风状态的清晰图解，就能够确定建筑物中各种开口的位置。

声音方面的问题

薄膜覆盖空间的声音性能是由三个主要的标准确定的：(1) 所用膜材的声音吸收／反射特性；(2) 内部空间的几何形状；(3) 封闭空间的大小。因为薄膜结构常常用于一些临时性的场所，针对薄膜所覆盖空间声音方面的特性已经进行了一定程度的研究。美国的贾菲 · 阿库斯蒂克（Jaffe Acoustic）帮助纽约的建筑师FTL分析了巴尔的摩第一个皮尔6号音乐厅（Pier Six Music Pavilion）的声音标准（图 7.12）。

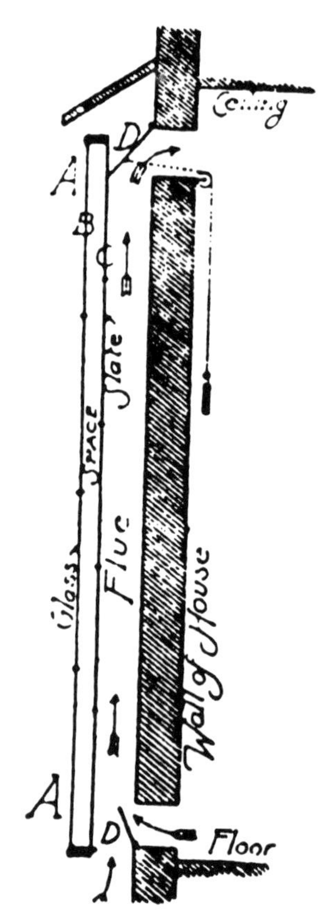

图 7.7
1882年爱德华 · S · 穆尔空气收集器的原始设计

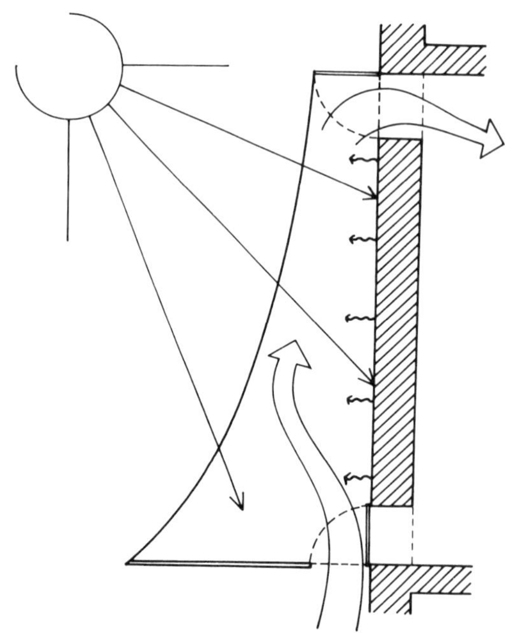

图 7.8
新鲜空气的预加热

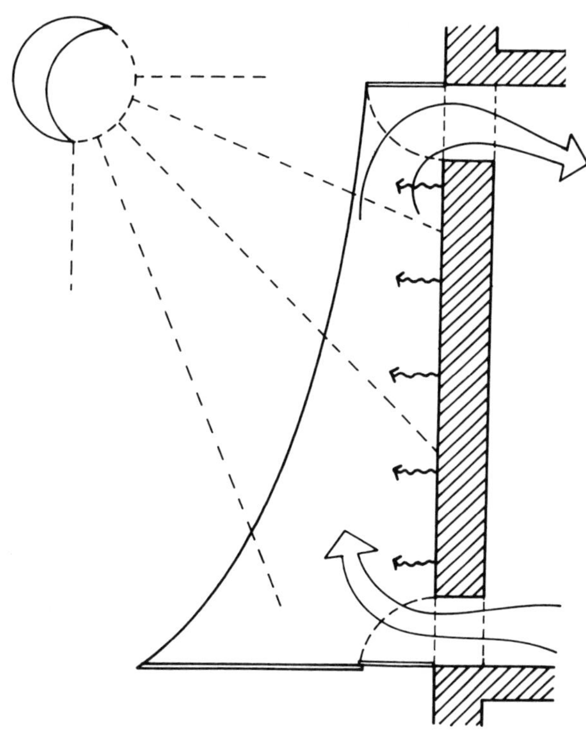

图 7.9
循环空气的再加热

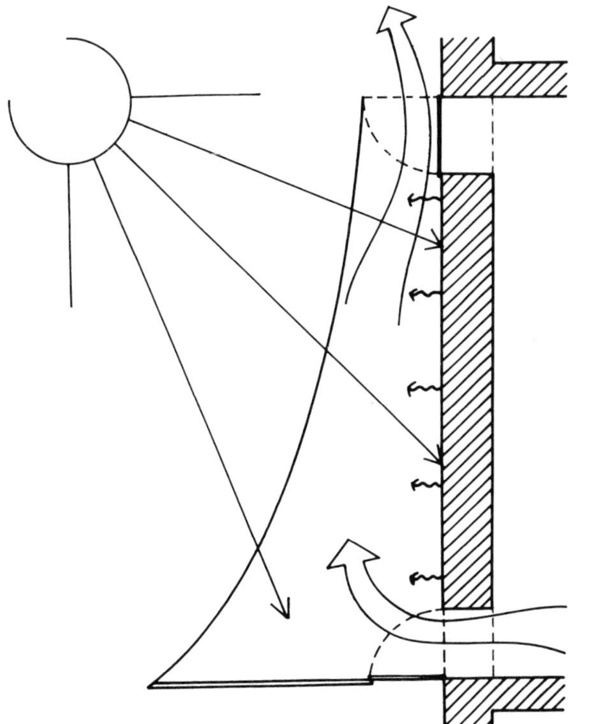

图 7.10
使用过空气的排出

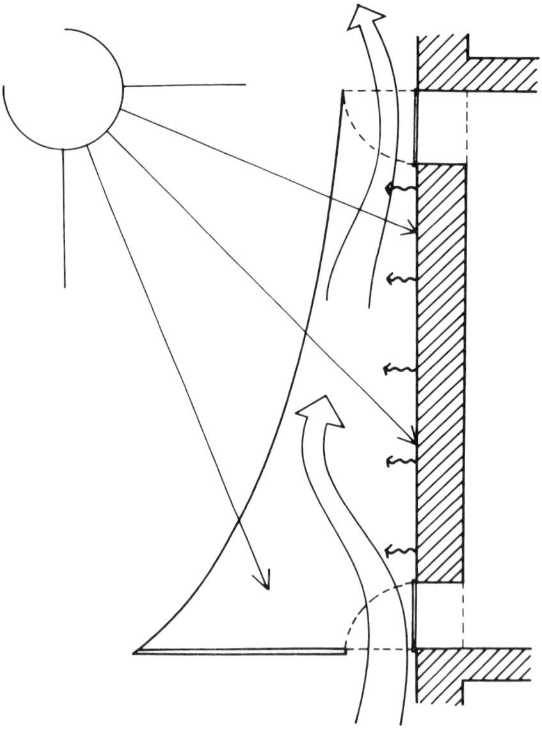

图 7.11
多余热量的排出

由于薄膜结构的质量较轻，它只能反射频率很低的声音，薄膜并非完全的固体，这也意味着一定数量的低频声音由于其阻尼作用而被吸收。如果空间是用于非扩充性的用途，就需要特别注意。

就像人们想像的一样，薄膜的声音传递特性也与常规结构的完全不同。质量较轻的薄膜对空中传播的声音具有很小的阻碍作用，在一定程度上，可以通过采用多层薄膜与绝缘材料相结合而使其得到增强，增加密度是吸收声音最好的方法，特别是对于低频的声音。另外，在建筑物的位置和内部空间方面要进行仔细的规划，将

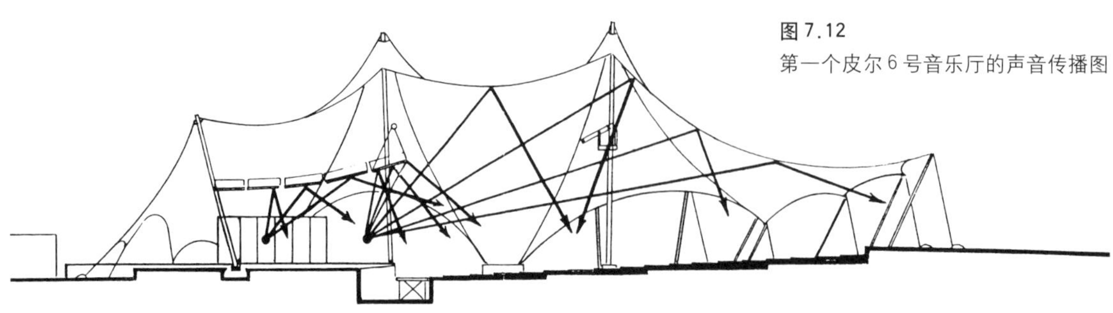

图 7.12
第一个皮尔 6 号音乐厅的声音传播图

此放在首要位置是避免任何问题最合理的方法。当张拉结构与较大块状结构相结合时,那些产生噪声的活动或者那些对声音敏感的活动应当位于建筑物中最大块状结构的那一部分。

再循环

到目前为止,所有考虑到的环境方面都与使用中的建筑物有关系。由于对建筑物所有环境性能方面的关心程度在全球范围内的增长,建筑材料的循环再利用变得越来越重要。因为索网结构的主要材料是钢材,而钢材已经是完全可以再利用的了,所以注意力直接指向了膜材本身。

随着薄膜结构使用年限的增长,一般膜材的期望寿命达到了10~20年。生产商迫于外界压力,已经在研究工业织物的再循环利用。在德国,一个名为Polywert Faserrecycling GmbH的合资企业已经为此而建立。这一组织的目标就是找到一个合适的方法来降低和避免在生产过程中所产生的废料,并且形成材料的循环系统。

对于纯粹的无涂层织物和其他一些金属箔来说,一个完全的循环系统是可能的。但是当膜材用于薄膜结构时,它们常常是有涂层的。虽然它们不能被完全循环再利用,但是在生产新的膜材时,它们可以被撕成条状后再加入到涂层的混合物中。这种循环系统至少使得一些旧的薄膜材料进入生产循环过程中,从而大大降低了对新的涂层材料的需求。这一过程仍然是新的,并且被看作是一种初期的方法,而不作为最后的成果。在不断增长的环境问题的压力下,生产商的最终目的是使所有的薄膜材料能够完全具有再循环利用能力。

8 张拉结构覆盖空间的分割

张拉结构常常被认为是覆盖大的无柱空间的一种结构技术。最近，建筑师逐渐地意识到充分利用张拉结构建筑特性而不是仅利用它们大跨度结构的优势。如果张拉结构在城市中得到广泛的应用，它们需要被看作为综合使用的建筑物，而不是仅仅覆盖一个独立的空间。但是，多种用途的建筑物常常要求对几个分散的空间进行规划。因此，阐述一下分割建筑空间可以采用的方法是很有必要的。

视觉上的分割

本世纪早期，建筑的一个很重要的目的就是营造一个开敞的和流动空间的感觉。在现代的运动中，建筑师研究视觉上的而不是体积上的分割方法，从而形成空间的开敞平面布置。当张拉结构第一次用于建筑中时，这种形成空间的方法仍处于探索中。

无论在什么地方，选择张拉结构的目的若是为了满足对空间分割的要求，那么，可自由使用的元素被认为是处理薄膜结构覆盖空间的最合适的方法。这使得张拉建筑的围护结构完全独立，并且怎样进行体积再分割的棘手问题就轻易地避免了。

1967年，当蒙特利尔世界博览会的德国馆正在建设的时候，由于在不同平面上升高的平台上的应用，空间布置的可能性得到了扩展。在展览平面上所形成的视觉分割是以普通的格栅为基础，并在结构上独立于主屋顶，从而使屋顶结构完全独立。

德国馆的例子展示了一个大的、其内部由分隔的元素组成的薄膜结构覆盖的空间，是如何成为一个空间体的。这种方法特别适用，因为在大空间张拉结构定义的边界内，它体现了一个完全独立的系统。在凸起平台的三维格栅内，可以将分割的单元布置于其需要处。这是一种在许多大跨度建筑物中采用的空间布置方法，特别是由于经常改变而对灵活性有一定的要求时。其结果不是分割为单独的空间，而是在一个大空间里定义了一个区域。然而，如果仅仅是视觉上的而不是体积上的分割，可以使用的功能范围将会受到限制，因为在不同的限定区域内，很难分别控制热量、声音和气味。

大开间平面的分割方法也不适用于对私密性和特殊安全标准有要求的空间。

空间内空间的方法

在一个大的张拉结构覆盖空间内的一些区域，如果对私密性有要求，或者如果为了满足一些功能要求而需要对空间进行环境方面的控制时，对空间分割的方法必须采用空间的开敞布置之外的方法。

一种令人满意的可能方法是采用完全封闭的“功能盒子”。它们在张拉结构内聚集在一起，避免了将灵活的三维屋顶与其直线边界、刚性平面相结合的问题。这种方法适用于大型半人工调节的空间、以及仅仅是一些服务性质的空间，例如办公室。采用这种方法，张拉结构覆盖的空间不仅是外部天气的表皮，并且在主空间内，几个单独的空间能够被组合成为功能单元。这种空间内空间方法的一个例子就是意大利Vanafro的M&G研究中心（案例研究7）。在这个建筑物中，空间的分割完全采用常规的方法，并且避免了与张拉结构三维空间表皮曲线的连接问题。

张拉屋顶与常规结构相结合

在采用张拉结构的建筑中，另外一种分割建筑的方法已经在前面与城市房屋连接的章节中讨论过。张拉结构与传统结构相结合的一个方法是仅用张拉结构覆盖大的显著空间。采用这种方法的优点是建筑内部的每一个大空间仅是由其本身的屋盖所覆盖，从而不必将一个大的张拉结构覆盖的空间分隔成几个小的空间。

就功利方面来说，在建筑物的周围处理小空间时采用常规结构更为合理，这种方法已经在位于美国丹佛的世界上最大的薄膜建筑之一的机场航站楼中采用，这个新机场航站楼的主大厅是由一个很大的张拉结构屋顶覆盖（图8.1）。

一个采用相似方法的例子更早地出现在英国剑桥的施伦贝格尔（案例研究3）。在那里，重复性的、更为私密的实验室及办公室采用常规的结构形式。也有一些很可能会出现空间布局变化的地方。在两侧实验室和办公室之间有三个部分，是由一个钢下部结构分隔，并由薄膜屋顶覆盖。常规的玻璃幕墙进一步将其分隔，这个幕墙沿着两部分之间的结构布置，将入口的大厅从实验室大空间内分离出来。

图8.1
丹佛机场兰德塞得（Landside）航站楼是美国最大的完全封闭的公共性的悬索结构的薄膜屋顶

利雅得的外交俱乐部展示了分隔空间的另外一种方法（案例研究2）。频繁分割的单元位于居住的三维“墙”体内，同时，需要较大跨度的和用于公共设施的空间是由没有分割的半锥体和马鞍形屋顶所覆盖，这个屋顶连接于周围的墙体上。

分割的其他方法

由于张拉屋顶结构的形状具有较高的可塑性，在连续的顶棚下面很难利用与波浪形屋顶相连接的墙体分割空间。这是由于张拉结构在荷载作用下不是静止不动的，而是易变形的。因而，连续的平滑的张拉屋顶无法提供明确的和静止的边界，从而无法与上部边界不变形的平面材料相连接。

在张拉结构覆盖的空间内分割空间时，分割墙体与薄膜相连时有三种可能的连接方法，所包含的单元大体上是相同的，有屋顶的薄膜和常规的二维平面墙体，另外，还有一个作为固体墙和灵活屋顶之间的中介单元：一个用于形成封闭空间的封闭膜条。

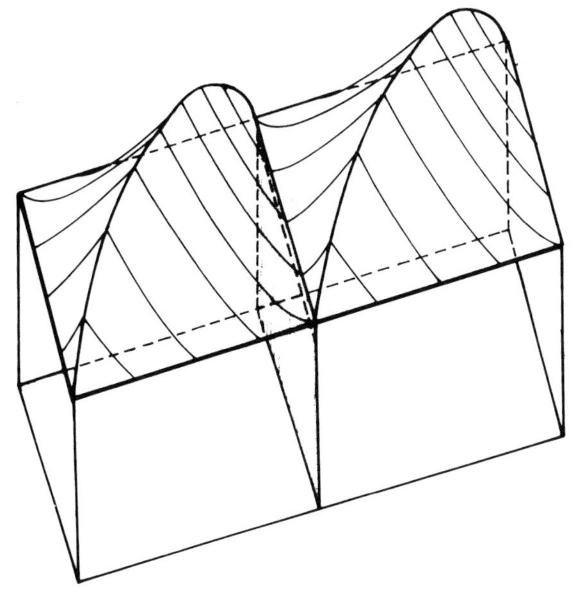

图 8.2
适应常规隔墙直线边界的薄膜结构

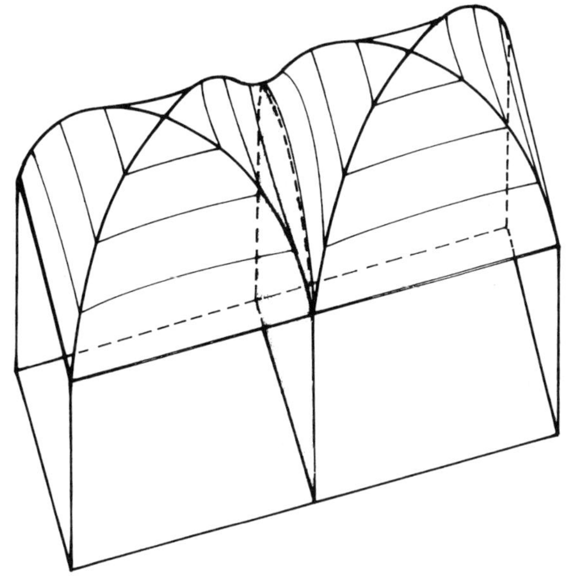

图 8.3
常规隔墙适应薄膜的几何形状

三种可能方法中的第一种就是张拉屋顶适应常规结构的几何形状。如果周围有等高墙体围绕的一个标准直线型的空间，被分割成由一个薄膜覆盖的两个空间，这就是张拉屋顶适应常规结构的情况。并且，薄膜必须与直线形墙体上面的直线水平边界相连，这两个空间都有各自的高点，如一个柱或一个拱（图 8.2）。

因此，一些建筑师和工程师寻找用于重复单元的一个系统方法。这要求在单个单元一维或二维静止边界下有支承结构。这种方法使得独立的但是重复的张拉单元组合在一起，并按一种系统的、累加的方式进行平面布置，沿着这种布置方式的分界线可以建造传统的平面隔墙。因为是静止的，所以有明确的边界与上部结构连接。

第二种方法是使常规隔墙的上部边界适应张拉屋顶的曲面形状（图8.3）。但是，这种方法存在着问题，除非将薄膜分割成两个部分，否则，是很难将隔墙与连续的张拉屋顶结构固定在一起。可以想像将两个薄膜屋顶分别连接于一个墙体的两边要比将墙体与一个连续的薄膜和索网相连接容易得多。原因就是较重的、较坚固的材料支承较弱的材料是一个很自然的想法。因此，我们期望将薄膜结构连接于墙体上，而不是将墙体连接于薄膜上。

然而，如果一个设计师不希望失去连续薄膜的结构优势，或者他们试图将张拉结构与常规结构之间的密集连接点的费用降到最低，惟一可行的方法就是在顶棚与隔墙之间留一缝隙。这个缝隙用一条薄膜来封闭，这个用于封闭缝隙的薄膜条带焊接于薄膜的内表面，并固定于隔墙体的上边界。这个薄膜条带必须完全松弛或具有较好的弹性，不然在力的作用下就会沿着与薄膜连接的线在膜面形成一凹沟。但是，这是可以避免的，除非薄膜沿着这条线设计有一个突起或下凹。只要隔墙在结构上是一个次要构件，出现这种情况就必须加以解决。

另外，应该质疑的是一个本身由曲面形成的结构采用直线边界是不是正确的方法。毕竟现代采用张拉结构最初的目的之一是在没有强迫和扭曲结构的前提下提供一个合理的方法，以形成十分柔顺的形状。对于张拉建筑来说，这就意味着采用扇形边界而不是直线边界。以三维的、非平面的形状为基础的结构内采用曲线形式看上去比较自然。采用曲线，遵从张拉屋顶的曲线特性，这一思想已经在慕尼黑奥林匹克场馆中采用玻璃幕墙分割内部与外部空间时得到了应用（图8.4）。它在视觉上是很成功的，并且很自然地形成了建筑物和其周围环境之间的融合。当然，它也可以在一定程度上采用直线边界，但这样就会磨灭了这些结构最初被公认的特性：一个自然的、结构本身固有的形状。

第三种可以采用的方法是来源于张拉结构的边界。这种方法需要一个附加的单元。在结构的外侧边，例如Imagination建筑有一面直线墙并达到一定的高度，墙体上边界的上面盘旋着张拉屋顶结构，两者之间的缝隙是与膜材相连接的玻璃区域，常常也有一个小

图 8.4
慕尼黑室内游泳池周围的墙体沿着张拉屋顶结构的扇形边界布置

的封闭条带。虽然玻璃是一种刚性的、且常常是平面材料，但这并不影响什么（至少在视觉上），它能够将厚的实心墙体和轻质的薄膜材料区别开（图 8.5）。

在斯坦福码头，我们可以看到重复的张拉板，是由在它们之间作为中央分隔带的玻璃元素分割的。两个玻璃元素在中心檐槽相遇，并延着一条直线通向隔墙固定在一起（图8.6）。这就是薄膜不适应隔墙，隔墙也不适应薄膜，而是采用中央分隔元素封闭缝隙并与隔墙相连接。

图 8.5
用玻璃构件分割墙体和薄膜屋顶

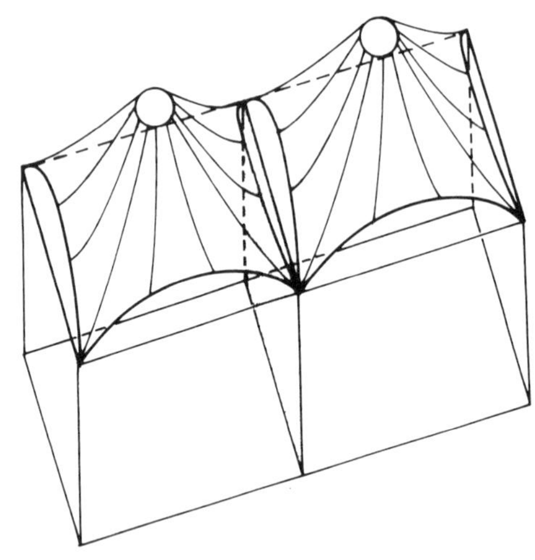

图 8.6
在薄膜屋顶和隔墙之间作为中央分隔元素的玻璃

古老的帐篷和薄膜的竖向使用

帐篷是一种比较古老的结构，它是一个遮蔽物而不是一个建筑物。有限的施工方法和流动性的特点使得其构造必须简单，但是帐篷和张拉结构具有一个共同的特点，就是它们的材料不是刚性的而是柔性的。尽管张拉建筑是一种具有完全不同尺度的永久性建筑物，但是帐篷有两个不同的方面是与张拉结构覆盖的分割空间有关。

在文艺复兴时期，我们发现帐篷用于军事营地。那时，它们以圆形和长条形的单元相互组合连接在一起，形成不同的特殊形状(图8.7)。这种特殊的帐篷群使人更多地想起以传统方法形成的屋顶结构而不是张拉结构，这是因为它们缺乏非常重要的双曲率。但是，它们也表明了将较小的单元相互连接在一起要比将一个大的单元进行分割容易，这至少是一种能够令人满意的方法。

在阿拉伯的另一种帐篷，是具有空间分割功能的少数帐篷类型之一。它分为男人区域和女人区域，并且还有一个特殊的区域用来做饭。其空间是用帘子来分割的，这个帘子是一个很重的织物并具有特殊的图案。它固定在穿透帐篷的撑杆上，并且在帘子与帐篷之间有一个缝隙。这个帘子松弛地挂在那儿并且搭在地面上，以分割帐篷内的空间（图8.8和图8.9）。这个帘子的材料与帐篷表面的材料不同，它是一种具有特殊图案的织物，并且具有一定的装饰作用。

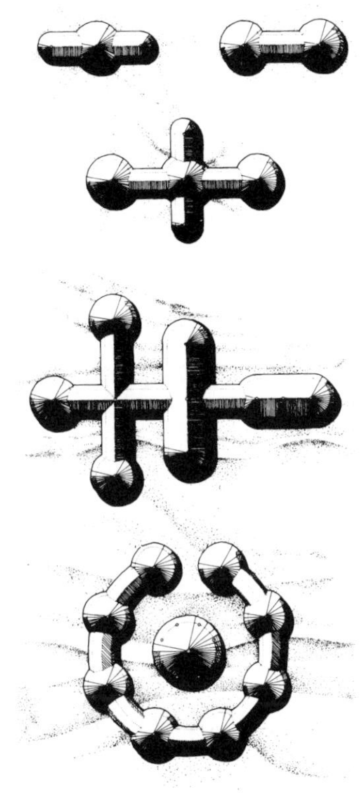

图8.7
文艺复兴时期一组帐篷平面图

前面已经说过尽管很难将临时性的、流动性的帐篷与采用薄膜单元作为其分割内部空间方法的永久性张拉结构相比，但是应该考虑它们都是柔性材料这一方面的共性。可以采用薄膜单元并通过施加预拉力的小曲率双曲面来代替焊接于连续薄膜面上的封闭薄膜条，但是这样做会出现两个问题。

第一个问题是施加预拉力的薄膜单元同样会在与薄膜表面的焊接处使薄膜结构的几何形状发生变化。由于结构方面的要求，无论如何要避免这个问题。而为了避免这个几何形状的变化，在薄膜表面上进行焊接时必须在一个很浅的角度上施加预拉力，同时沿着薄膜的切线方向受力。

第二问题是薄膜与水平地面的连接，分割构件同样也必须固定于水平地面上。这样，我们会再次面对前面所提到的刚性平面与薄

图8.8
用帘子和被褥分隔帐篷（南约旦）

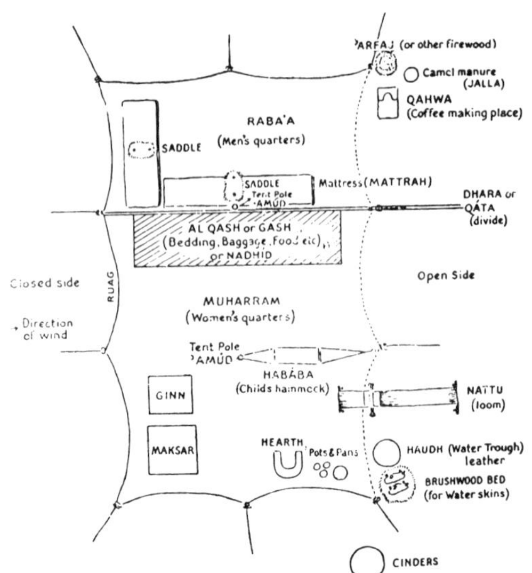

图 8.9

Mutair 游牧帐篷的室内分布平面图

膜屋顶相连接的问题。另外，由织物面形成的隔墙还引发了其他的问题，例如，它很难方便地开启。这里我们又发现了同样的问题：二维固体单元如传统的门框必须与非平面的薄膜单元相连接。如果考虑只采用薄膜单元，那么可以确定的是必须发明一种新构件用于开启。

外部地面与薄膜墙之间的连接和开启口与薄膜墙之间的连接是很困难的，这一困难在巴黎一个称作Le Zénith建筑中很明显地显现出来。就像传统的临时帐篷结构一样，这个建筑物最初也是作为临时性的建筑来建造的。这就是为什么它的细部构造要比结构要求的简单得多。然而，在这个结构中，我们可以看到存在着一些松弛的封闭边，这些封闭边覆盖着连接缝，并且允许必要的偏差，特别是在固定门框的刚性平面和水平地面之间的连接点处（图 8.10）。

但是，当薄膜结构作为永久性的竖向构件时，还需要考虑另外一个问题。Le Zénith 被金属框所围绕着，目的是以防建筑遭到蓄意地破坏。因为薄膜结构能够在其平面内施加预拉力作为屋顶结构，但是对于机械地破坏它是很脆弱的。在设计永久性的建筑物时，对于可能出现破坏的因素或者蓄意性的破坏都应该做认真地考虑。

分割墙对张拉屋顶的适应

到目前为止，我们已经讨论了存在的分割方法或者已经试图强调那些预先想到的问题。尽管如此，在下文中，我们将考虑一种分

图8.10
薄膜结构与刚性平面连接的困难

割空间的新方法，这种方法适合于必须或者期望采用连续薄膜结构的情况。我们的目的是寻找一种通用的方法，这种通用的方法根据个人设计的特殊要求能够被具体地采纳和利用。

首先，我们寻找一种方法能够使分割墙以一定的方式矗立在地面上，从而能够在需要的地方开孔。

第二，我们需要一种足够灵活的方法以适应三维曲面的张拉屋顶。由于在荷载作用下屋顶结构会发生变形，所以不可能采用固定的构件，并且它是否是一个平面的构件都是个问题。

第三个要求就是考虑到视觉和声音分离可能性的方法。最后，对于一个分割的设计，就像阿拉伯帐篷中的分割帘一样，应该能够达到个性美的展现，但仍应当是一个标准的完整构件。

前面两个要求清楚的展现了一个好的方法，这个方法具有轻盈的、灵活的曲线特性的上边界，并具有或多或少的固体基础。在自然界中还可以找到一种具有更轻、更灵活的上部的固体地面粘合的元素，从地面长出的树杆作为一个固体部分，它进一步分成树枝，而树枝本身会分成更小的单元。最后，这些单元分割成金银丝状的细枝，这些细枝几乎触及不到树叶的表面。这些树枝的另一个特性是它们具有很好的弹性和灵活性，因此它们能够产生一定的位移。

阿尔瓦·阿尔托用三合板作的实验可以作为灵感的一个源泉，即如何将这些特性应用于建筑物的构件中。他在家具设计中，将小的木块连接在一起，在顶部扩展开。他在设计之前，用木材作实验，试图理解其特性，然后他试着将具有这些特性的形状应用到设计中（图8.11）。1939年由他设计的纽约世界博览会中的芬兰馆（图8.12）和由木板做成的装饰墙（图8.13），就是由波浪形板条形成轻型墙的例子。

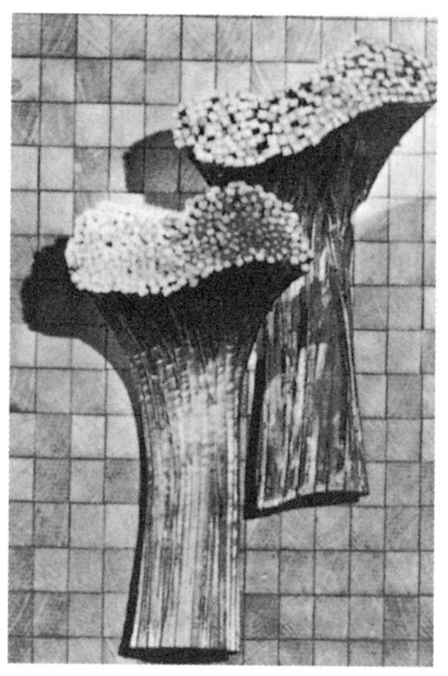

图8.11
阿尔瓦·阿尔托的木材实验

到目前为止，我们还没有提到过波浪形平面和三维曲面的分割墙。它们形成了贯通空间的曲线，从而能够在需要的时候与屋顶相交。我们可以想像它们会比一个类似的平面墙看上去更轻，并更适合张拉结构所覆盖的空间。不仅如此，曲线形式还增加了轻盈的、屏状分割墙体的稳定性，提高了它们的雕塑价值。

然而，可以想像，融入到单个石板的实心墙元素抬离地面越高，它与张拉屋顶的连续顶棚的连接问题也就越易被解决。在这儿，我们可以采用柔性边界焊接于屋顶结构薄膜上的方法。必须注意，不能在与其平面垂直角度的方向上张拉柔性边界，否则会影响薄膜屋顶的结构性能。柔性边界必须以一个很浅的角度与屋顶的薄膜相连接。如果这些柔性边界是通过弹性木板垂直地与屋顶连接，屋顶的内轮廓线就会很自然地竖直。屋顶与墙体的这种连接方法将会改善被分割的、薄膜覆盖空间的整体效果（图8.14）。

图8.12
阿尔瓦·阿尔托设计的1939年纽约世界博览会芬兰馆的波浪形墙

图8.13
阿尔瓦·阿尔托设计的赫尔辛基（芬兰首都）国会议院的装饰墙

图8.14
隔墙模型

这种方法可以避免在慕尼黑建造室内游泳池时必须面对的问题(图8.15)，慕尼黑室内游泳池周围的玻璃是刚性平面构件，并只能沿一个方向弯曲。这个建筑物要求连接点能够产生较大的位移，以适应屋顶在荷载作用下的变形。可是，这些连接点并不是很美观(图8.16)。如果采用上面所建议的方法，这个问题就可以避免，因为一个切向连接的膜材可以承受薄膜的位移，即使它们只是发生在局部（图8.17)。这不仅可以改善这些建筑物的技术性能，也能使它们的特性更加清晰。

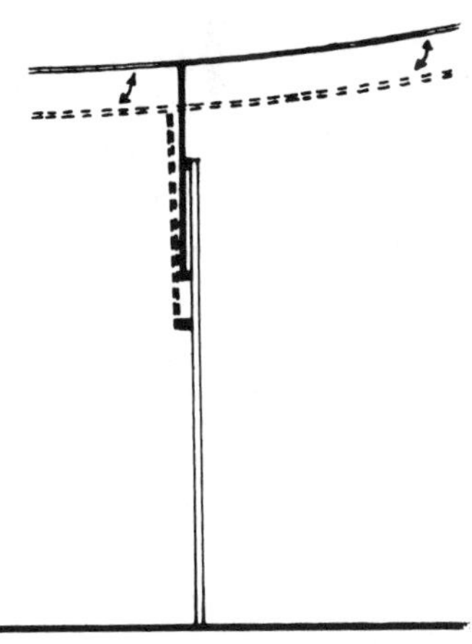

图8.15
慕尼黑室内游泳池的活动连接点

图 8.16
在慕尼黑的张拉屋顶结构与刚性玻璃墙之间的活动连接点

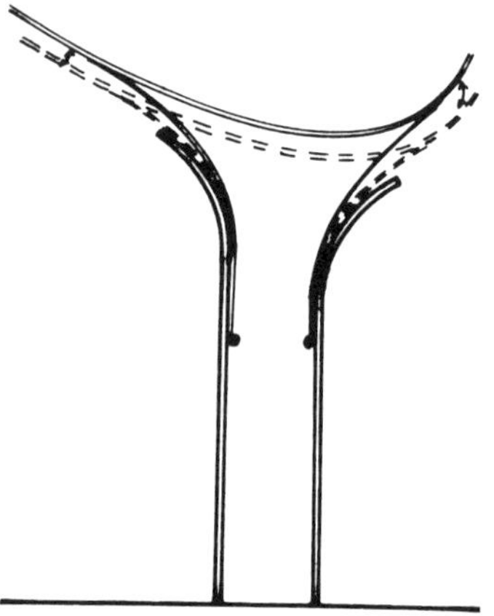

图 8.17
结构薄膜与隔墙的切向连接

薄膜与隔墙切向连接的一个例子是温哥华的会议中心(案例研究4)。在这个建筑物中，当薄膜接近周围的结构时，与边界墙体上伸出的曲线结构肋切向连接（图 8.18)。拉力作用在肋上，薄膜在与封闭墙的连接前转变为竖向平面。

可以设想采用该方法来分割较大的张拉结构覆盖的空间。在这种情况下，采用双层膜形成隔墙应该是比较合适的，每一层面对所分割的每一个空间，将其背对背连接在一起。因为薄膜的隔声效果不是很好，第二层会对获得较好的隔声效果具有很大的帮助。除此

图 8.18
在温哥华的会议中心，用肋将薄膜转变为垂直平面

之外，当屋顶本身没有所需要的结构厚度时，双层膜之间的中空部分还可以作为设备空间。

采用单层膜材与结构薄膜切向连接作为柔性边界的方法提供了许多的可能性。在处理薄膜覆盖空间的分割问题时，目的不是寻找一个特定的方法，而是提供不同的一般方法，这就提出了一个适用较广范围的方法，每一种有自己的表达方式，甚至采用不同的材料。

9 部分与整体的关联

我们的建成环境是由许多部分组合在一起的。就像各个部分本身一样，将这些部分，如连接点，组合在一起的方法也很重要。如果张拉结构成为城市景观中一个更永久的象征物，那么与临时结构相比，必须更加重视其细部。在第5章和第8章中，我们已经看到对细部的处理是如何影响空间效果和建筑整体外观的。即使是一个单元所产生的影响，如钢支承，也是通过它与其他部分相互连接形成整个建筑的一部分而显示出来。

一个建筑物中连接点的重要性是通过各个部分相互连接的过程表现出来的，常常在一系列的建设文献中对这个过程进行十分详细的描述。然而，就像我们已经看到的一样，连接点的重要性已经超越了它们结构方面的作用。为了在一个空间中感觉更加舒适，人类对内部和外部环境的细部视觉信息有一定的要求。在通过多样性和趣味性来满足视觉舒适方面的要求时，节点和连接点等都具有决定性的作用。不仅如此，连接点还反应了参与设计人员的技术、智慧和态度，同样它也是所融入的文化和社会的一个陈述。我们相信，这就是为什么历史上的建筑物能引起我们的兴趣，为什么今天它们仍能吸引我们注意力的原因之一。这几乎就像是一个最终会展现永恒的秘密语言或密码。

> 希腊人说对奇迹的追求是求知的开始，并且当我们停止追求奇迹时，我们可能就处于停止求知的危险中（Gombrich，1960年，第7页）。

在我们当今社会，文盲已不再是一个主要的问题，人们能够通过读书获得关于社会的价值和重要事物的信息。在过去，建筑物是社会结构和其有关事务得以体现的一个重要方式。通过易懂的建筑表现形式，观察者能够对他所处的环境有一定程度的理解。建筑和艺术的表现常常是相互促进，形成一个建筑物所处社会的全面表述。

尽管如此，在物质大量生产的时代，我们能够找到许多廉价的、粗劣的细部隐藏在华丽装饰下的例子。其结果是失去了许多展现的可能性，从而导致建筑物更加难以理解，并且建设环境更加显得没有特色。当建筑物不能激励我们去解读它时，我们发现自己处在一个毫无意义的环境中。社会与其环境的疏远导致地点识别性的缺乏，这对人类健康幸福的影响是至关重要的。连接点就是我们向有意义建筑物发展的出发点。随着技术的发展，连接点应当具有结构敏感性和快乐符号的模糊功能来展示一个文化的价值。

牢记这些在心里是非常重要的，特别是联系到张拉结构时，因为在张拉结构内部细节的视觉效果是其他结构形式所不具有的。建筑物薄膜表皮和它的连接缝常常是可见的，同样支承结构和钢索也是完全暴露在外的。因此，进一步学习大部分张拉结构形成的细部特征是值得的。

薄膜的连接缝和索网式样的表现效果

相互独立的薄膜板之间的连接处即薄膜的连接缝对理解一个薄膜结构的整体形状来说常常是必要的。如果所采用的薄膜是相同的、半透明的，那么结构形状很难通过其本身看清楚。薄膜连接缝所形成的暗线，常常被认为是令人不舒服，但又是必须的，它可能是展现薄膜尺度和形状的一个重要手段。

比例常常是艺术和科学极其精致的混合物，而且在薄膜结构中也要对其特别注意。结构屋顶的布局是设计中一个很重要的部分，就像哥特式教堂的圆拱形屋顶一样。因而，表面、屋脊以及天沟的比例都是重要的（Huntington，1984年，第140页）。为了增强薄膜屋顶的可读性，薄膜形成的图案就成为一个有用的工具。它的重

图 9.1
麦地那穆罕默德清真寺遮阳顶篷的伞状设计

要性可以与哥特式肋拱顶的肋相比，在哥特式肋拱顶中，肋的匀称和式样是在空间内表达的主要工具。

由德国建筑师博多·拉施（Bodo Rasch）设计的沙特阿拉伯麦地那穆罕默德清真寺伞状遮阳顶，就是特别注意连接缝的一个例子。在这些漂亮的结构中，用于连接相邻膜片的连接缝已经成为具有装饰作用的图案。加强的顶点也已不再是一个纯粹的结构单元，而是成为了一个装饰（这些是传统伊斯兰建筑很重要的一个方面）。在薄膜与中心柱的相交处，连接缝相互交织在一起形成活泼生动的图案，从而能够采用双层薄膜以增加材料的强度。而且也是必须的，因为附加的应力积聚在这一点上。在这里，连接缝所形成的线以哥特式肋拱顶的方式将结构上的重要性和装饰的价值结合在一起（图9.1）。

埃森Gruga公园的音乐亭子是薄膜裁剪图案同时满足结构和视觉要求的另外一个例子（图9.2）。在这个结构中，连接缝形成的线从支承钢结构的一个高点到另一个高点，形成了六边形的整体图案。浅屋顶结构易失去的可读性不仅是由结构连接缝所形成的线来增强的，实际上就是由其产生的。

索网结构能够很有效地形成屋顶，特别适用于较大的空间。索网结构的标准格栅能够大大地增强曲面的可读性，这可通过慕尼黑的奥林匹克馆看出来（图1.9）。同样，屋顶形状的可读性也可通过木条格来增强，就像慕尼黑的滑冰馆一样。在这个滑冰馆中，不是很美观的索网结构有一个附加的木网格，薄膜就作为半透明的结构外皮固定在这个网格上面（图9.3）。

图9.2
埃森Gruga公园的音乐亭子

图 9.3
慕尼黑滑冰馆的内景

张拉结构的高点

基本上有两种不同形状的张拉结构：马鞍形和锥形。更为复杂的形状是由这些基本形状的重复形成。锥形张拉结构常常是在结构中部的某个位置，或是需要一个高点或是需要一个低点，而马鞍形张拉结构是在周围需要一些高点。

对于高点的形成，有三种基本的变化（图9.4）。第一种就是在外部较高的结构上形成吊点，张拉结构的高点就被拉向这个点（例

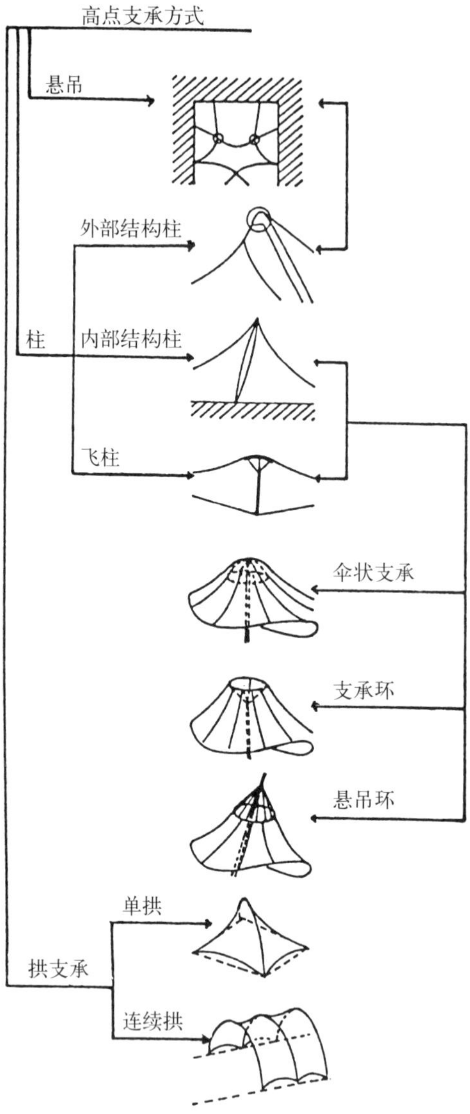

高点支承方式
悬吊
外部结构柱
柱
内部结构柱
飞柱
伞状支承
支承环
悬吊环
单拱
拱支承
连续拱

图 9.4
张拉结构不同高点的支承方式

如巴黎新凯旋门)。这种类型的高点可以被认为是薄膜内力汇集路线的直接反映。因为薄膜内的拉力必须汇集于一起以使拉力沿着悬吊的方向,所以张拉结构和悬吊索之间的连接点在整个结构中处于一个很重要的位置。

这种类型的先例有拱顶石、历史上的拱和圆拱顶上的凸起物,因为它们是结构中的最高点,并且没有它们,结构就无法形成,所以它们也具有同样的重要性。还有更为重要的一个方面,即它们是在结构建成之前最后安装的一块石头,是最后一个连接点。同样,

图 9.5
Imagination 建筑的伞状支承

在张拉结构的高点与其悬吊索之间的连接点也是必需的，没有它们，结构就无法形成。因而希望能够通过其细部构造的处理来展现这个连接点的重要性。

形成高点的第二种可能性是使用桅杆。有三种类型的桅杆：外部柱、内部柱和飞柱。外部柱可以看作为悬吊高点的一种转变类型，就像慕尼黑的奥林匹克馆。然而，所不同的是在柱顶的高点可以看作结构顶点，不像结构高点与悬吊点之间的连接点。内部柱和飞柱在支承结构的方法上基本相同。

有三种不同的方法来形成这种高点。第一种与伞很相似，将连续的薄膜从底部顶起。这样做可以形成一种形状柔和的高点，实际看上去不是一个顶点而是一个光滑流畅的曲面，这可以在Imagination建筑中看到（图9.5）。因为连接缝的线贯穿高点，与其他部位的薄膜一样，伞状支承对其只有很小的影响，从而保持了薄膜的连续性。

在柱顶形成高点的第二种方法是采用一个环，这个环就是薄膜的上边界，即是其圆锥形状的顶部。因为连接缝形成的线常常呈幅射状，在锥顶和支承圆环处汇集，它的视觉效果较好。新凯旋门的柱顶就是这种类型的。

第三种是由一个柱子形成高点，这种方法与第二种类似。但是，柱子是通过薄膜锥顶上的圆形开孔穿过薄膜，柱顶是一个比锥顶更高的点，锥顶就是通过几根细钢索悬吊在这个点上。这几根细钢索将薄膜内的力汇集，并将汇集后的拉力传递到柱顶的连接处。同样，常常采用辐射状的裁剪方式，从而导致在锥顶处有一个很强的连接，因为它是连接缝线汇集的中心。

内部柱与飞柱的不同之处就是其底部支承。在压力的作用下，内部柱将力从顶部支承处传递到它的基础中，而飞柱是将压力传递到四周的结构支承点处。飞柱这种方式实用的方面就是能够在其下部形成较大的无柱空间。飞柱不同寻常的外表使其成为重要的关键点。它可以被设计成一个令人印象深刻的细部构造来吸引人的注意力，通过这种方式能够在我们脑海中形成建筑物的持久印象。如果高点也用于通风的话，则高点在张拉屋顶中更为重要。作为最高的点，它是最适合作为排风孔的地方。或许最初作为一个问题出现，却可能成为合适的突出顶点，就像1992世界博览会Le palenque馆

图9.6
1992年世界博览会Le Palenque馆的顶点

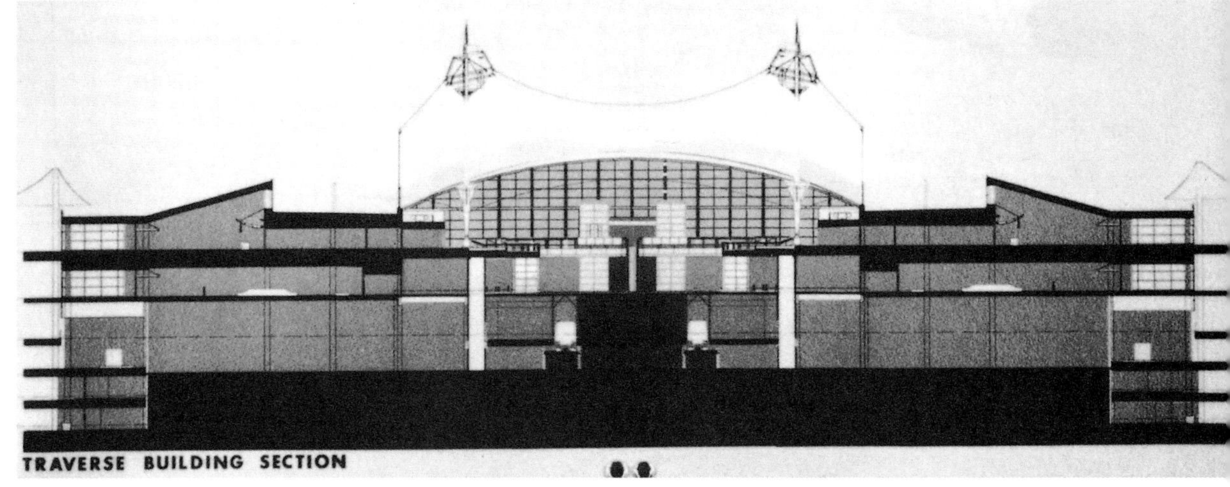

图 9.7
丹佛机场兰德塞得航站楼的剖面图

的顶点一样。它的顶点不是在一定高度处的薄膜边界，而是被设计为一个高处的通风帽，作为合适的、明亮的结构上部顶点，增强了自然通风（图9.6）。

同样，丹佛国际机场新兰德塞得航站楼的高点也具有通风的功能。在该结构中，柱顶构件也包含一些服务元素如排气风扇（图9.7和图9.8）。其中，有两个单元的柱子比其他的柱子都高，在这两个单元的四个柱子的柱顶处有明亮的玻璃，能使光线直接进入室内空间。

第三个也就是最后一个方法是通过拱形成高点。例如，如果我们将一个正方形的薄膜四角固定，并沿对角方向布置一个拱，就会形成一个双曲的薄膜表面。由连续薄膜覆盖的拱重复布置，就会在拱之间形成马鞍形薄膜。人们常常对其双曲效果的印象不深刻，并且更多的是对传统受压拱顶的回忆而不是张拉结构（图9.9）。

常规结构与张拉结构之间的连接

当张拉结构应用于城市文脉中时，它们如何与周围的常规结构相结合是至关重要的。张拉结构能够覆盖或环绕常规结构，以形成一种环抱的形式（图9.10）。这种形式的不利之处是实际连接点常常消失在常规结构水平边界的后面。因此，建筑物的参观者没有机会看到其内部构造。另外一方面，这是形成间接光源的一个好方法。

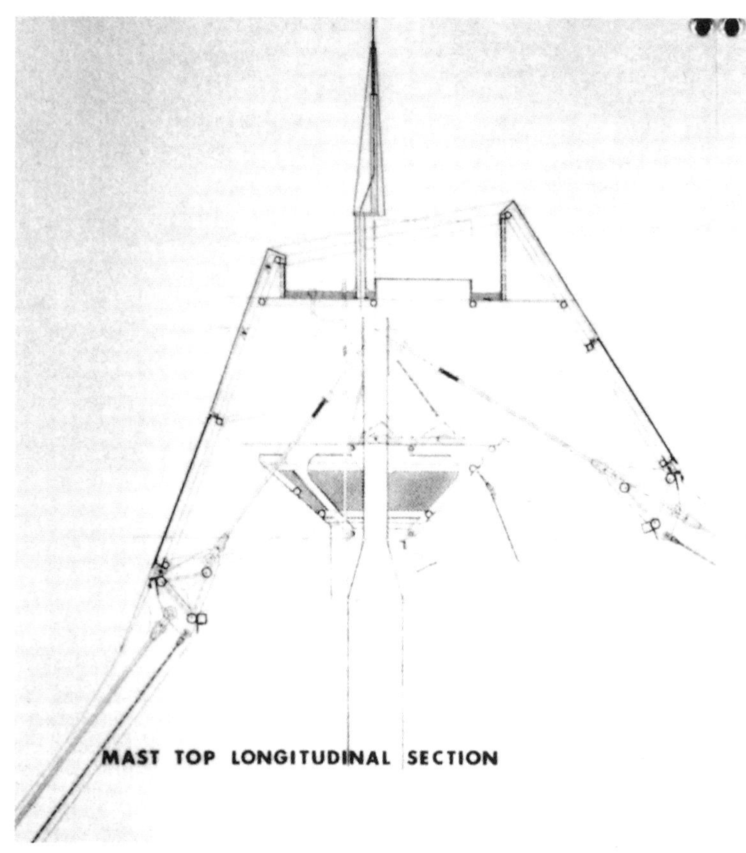

图 9.8
柱顶构件细部剖面图

图 9.9
巴黎蒙帕尔纳斯（Montparnasse）车站的候车区

如果在结构周边、在薄膜和常规结构之间是玻璃，形成一种比较开放的形式，而不是薄膜与常规结构紧密连接，那么就能够形成盘旋或扬帆的效果（图9.11）。

然而，在建筑物的内部，与盘旋式和扬帆式张拉结构一样，包裹式张拉结构也能够将支承结构，如立柱、下拉索或者飞柱中的吊索，伸入到常规结构的空间中，就会将轻型结构锚固在较重的常规结构上，形成将常规结构作为一种基础的景象。

如果张拉结构与常规结构仅有几个点相连接，就像一个蜘蛛网一样，而不是连续的连接方式，那么这种效果会更加强烈。利雅得外交俱乐部索网形成的花瓣就是通过一系列的点而不是连续的点固定在常规结构上，利用扇形边界作为间接光源（图9.12）。

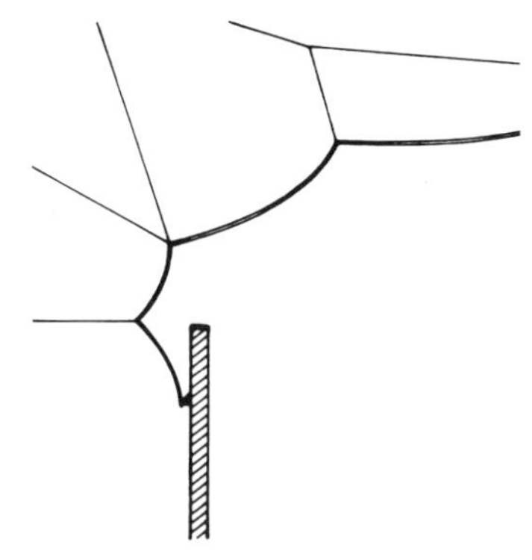

图9.10
环抱形式

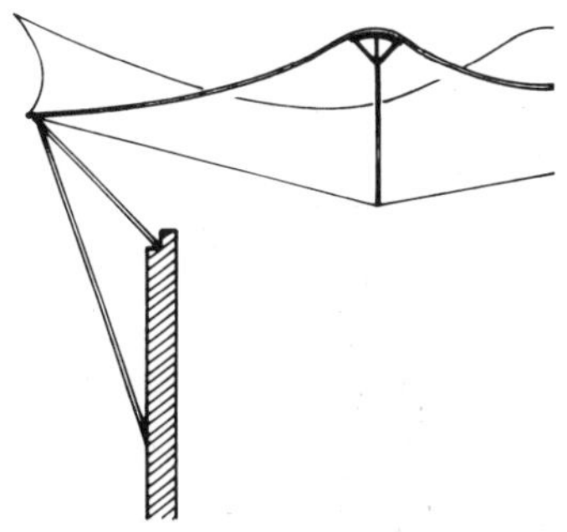

图9.11
盘旋效果

图9.12
利雅得外交俱乐部用作间接光源的眼睑形状

图 9.13
由 FTL 建筑师事务所设计的在巴尔的摩港口的皮尔 6 号音乐厅细部节点板

但是轻型结构与下部承重结构的连接点越少，在设计这些连接点时越需要注意。因为，除了结构的重要性外，它们很自然地成为我们视觉的焦点。为了更清楚地理解建筑物的这些焦点，必须清楚地展现出多个方向汇集的力，并将这些力传递到常规支承结构中。虽然我们常常看到的是复杂的浇铸构件，但也有一些成功使用钢板的例子。在设计钢板细部时，只单纯地考虑结构方面的因素，就很

图 9.14
在布拉格（捷克斯洛伐克首都）Vladislav 大厅汇集在一起肋的细部

容易使其外观拙劣和粗陋。但是当对结构的考虑和对其的感受相结合时，往往具有突出的效果。在FTL的建筑师及其合作者设计的巴尔的摩皮尔6号音乐厅结构中，脊索和谷索低处连接点的设计就是为了满足各种各样的力在这点的汇集。在这个例子中，有棱角的扁平钢板紧靠着薄膜，显得极不协调。因而必须加以注意，应保证节点板的形状能适合薄膜结构的曲面特性（图9.13）。

图 9.15
在巴黎布尔大厅的树状钢节点

如何能够将一个波浪形的非平面的三维屋顶与常规结构相连接并形成优美的外观，为了增加这方面的灵感，我们可以看一下在布拉格城堡 Vlasislav 的大厅。在这个结构中，圆拱形的肋相交并支承在结构上。它们不是相交于一个中心，而是相互交织在一起。这样做能够展示出屋顶图案这种浓缩效果（图9.14）。这些肋是单个力传递路线的展现，连结在一起形成由装饰细部加强的效果。这些

图 9.16
扇形设计的连接缝细部

肋围绕着柱子交织在一起，形成了单个力汇集在一起的清晰图像。作为承担单一竖向力的柱子可以认为是常规结构的一部分。将这个例子与在巴黎布尔大厅的树状钢支承细部之间作对比是很有趣的(图 9.15)。

虽然在布尔大厅的钢支承仍然是一个主要的结构展现，但在麦地那穆罕默德清真寺伞状设计中，汇集力的展示已经超越了纯粹结构的目的。在这个结构中，相互交错的连接缝线形成了一个清晰的图案，这个图案就像薄膜中的力一样，当它们到达柱子的顶端时被固定（图9.16）。

历史上的先例可以为设计师提供灵感的源泉。若是不采用简单拷贝细部的冒险方式，先例的历史越悠久，我们所能提取的精华就越多。如果在当前的建成环境中，张拉结构用于永久性的建筑，这一点就显得更为重要。

10 案例研究

案例研究 1

施伦贝格尔项目的城市改造，巴黎

地　点：　法国，巴黎蒙鲁日
时　间：　1981～1984 年
建筑师：　伦佐·皮亚诺
工程师：　彼得·赖斯（Peter Rice），RFR

改造巴黎蒙鲁日地区施伦贝格尔工厂的工程于1985年完成，这个工程是在城市景观重要地区改造中采用薄膜结构最早的工程之一。当施伦贝格尔的组织决定将生产技术从车床向计算机转变时，为施伦贝格尔改造工程设计的机会就摆在了建筑师伦佐·皮亚诺面前。

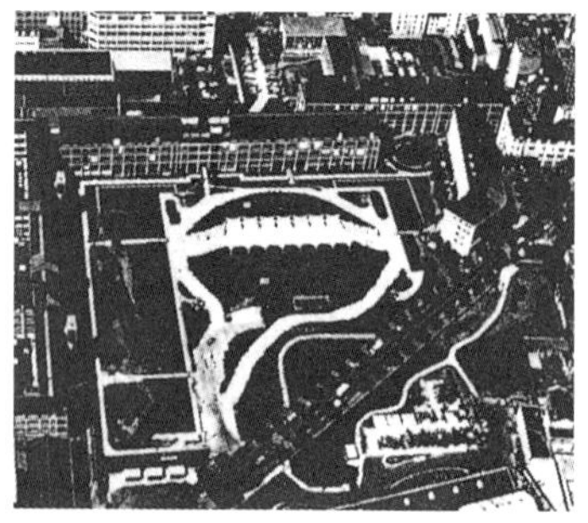
图 10.1.2
场地的空中视图

从 20 世纪早期开始，工厂管理和研究部门设施的转变就需要与公司的发展相匹配，尽管这是一个精细的转变过程，但其中最好的部分还是保留了下来。设计中，最关键的一个项目是保持工厂外形上的特征，因为它是生产的主要依靠。为了达到这一目的，与保留的工厂建筑物在一起的新建筑应该给人一种轻松的感觉。并且需要增加新的设施，当事人也要求修建一个餐厅、一个体育馆、几间会议室、会客室和展览室，以及银行、邮局、旅行社和停车场。

改造中最明显的一个方面是迁移坐落在中心位置的单层工厂建筑物，它们被一个所谓的“城市公园”所代替[在设计中建筑物与亚历山大（Alexander Chemetoff）相连接]。在这个公园的中心，一个新的“街道”穿过景观小山，这一部分就是公司的餐厅和员工设施。这条街道就是人们所知的“论坛”（The Forum），它是由半透明的轻型薄膜覆盖，并且从远处看，这个“论坛”是整个景观中惟一突出的外景。从内部看，薄膜屋顶以类似于传统欧洲的长廊赋予了这条街道城市房屋的特点。从这个方面来看，薄膜屋顶的波浪形曲面不再被认为是整个绿色自然的背景，而是与远处新修的工厂建筑物融合在一起。

薄膜屋顶

特氟隆涂层的玻璃纤维膜材是由下部一个交叉布置的飞柱支撑的，它是由钢索拉起并且由支柱固定在街道的墙上。在每一个飞柱的顶部，伞状支承将荷载分散传递到薄膜上，形成了浅的、有

图10.1.1
薄膜屋顶坐落在景观小山的缝隙上面

肋的圆顶。在每一个墙体支承的杆上也采用了一个类似的椭圆形支承。其中，杆穿过圆环并支承着一个不对称的圆锥形帽顶。在薄膜表面和圆锥形帽顶之间有一条转折线，这是因为圆锥形是收敛于一个有限的点，而薄膜的几何形状在这个高点处只会收敛于一个无限远的点。

在结构的四周，薄膜由连续的夹板固定，这些夹板在外部边索和薄膜之间传递荷载。另外，薄膜的拉力还受到内部可调节支承和钢索与钢、钢索与混凝土连接处可调节支承的影响。在原始设计中，低点处的屋顶是开敞的，以使太阳光和微量元素进入室内。这些开敞处的孔洞后来被附加的半透明聚碳酸酯和钢通风管道所封闭，而这并不是由原先的建筑师设计。

作为改造工厂的附加建筑，这个轻型薄膜建筑看上去很舒适。它成功地覆盖了新景观中的缝隙，并且使得下部较为常规的“论坛”建筑物显得更为完整。薄膜屋顶不再是一个分离的元素，而是成为了新布局中不可缺少的一个组成部分。

参考文献

a+u(198), *Renzo Piano, Building Workshop: 1964-1988,* March, Extra Edition, a+u Publishing, Tokyo

Dina, M(1984) *Renzo Piano, Projects and Buildings 1964-1983,* Architectural Press, London

Piano, R. (1989), *Renzo Piano, Buildings and Projects 1971-1989* Rizzoli, New York

图 10.1.3
“论坛”内覆盖的城市空间

图 10.1.4
从下部看飞柱

图10.1.5
薄膜结构的布置是一个重要的景观

图10.1.6
高点采用锥形帽封闭

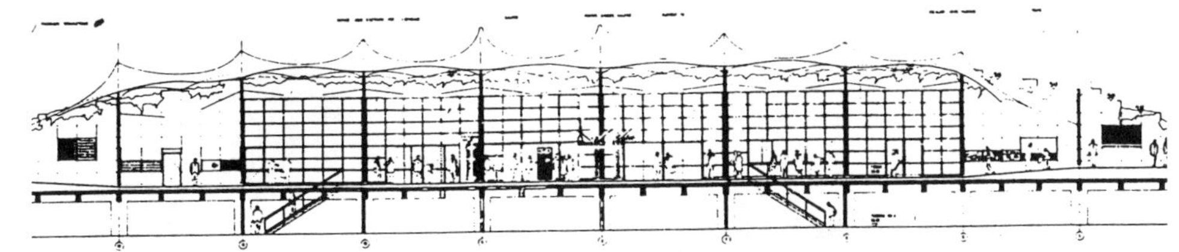

图 10.1.7
“论坛”的剖面图

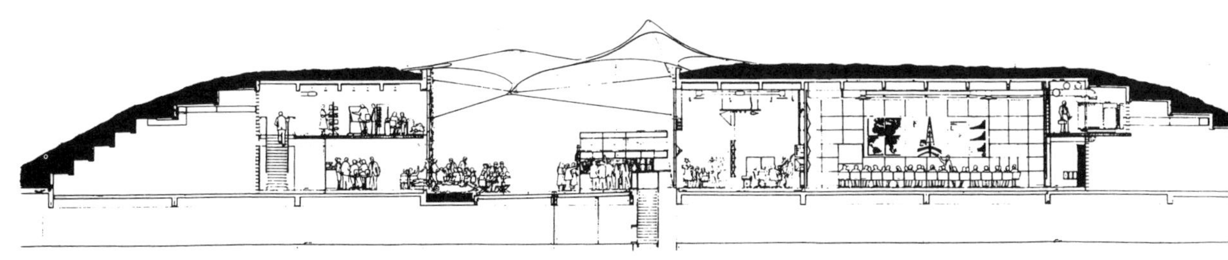

图 10.1.8
景观小山的剖面图

图 10.1.9
初步设计草图

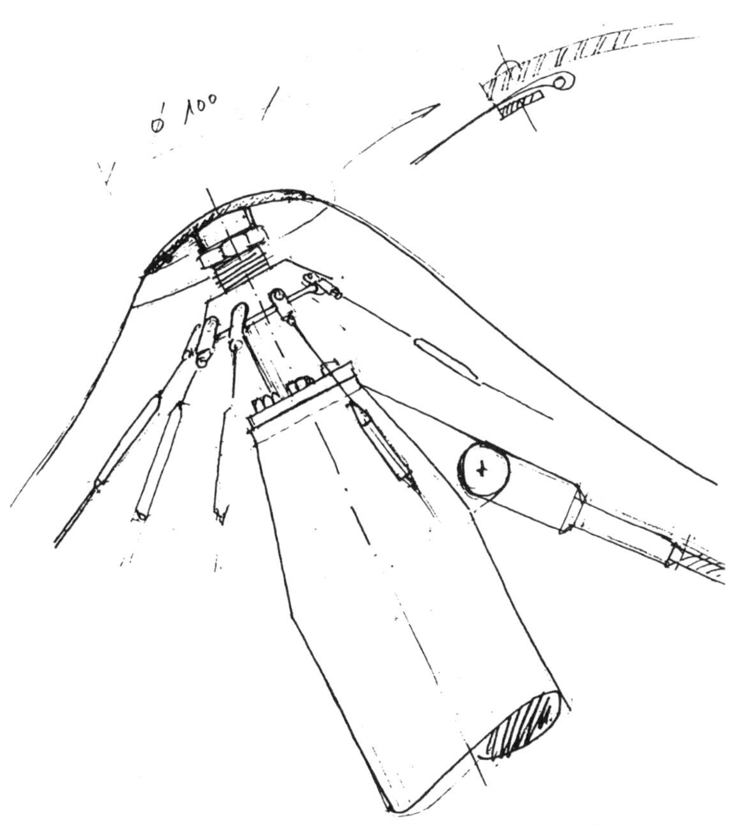

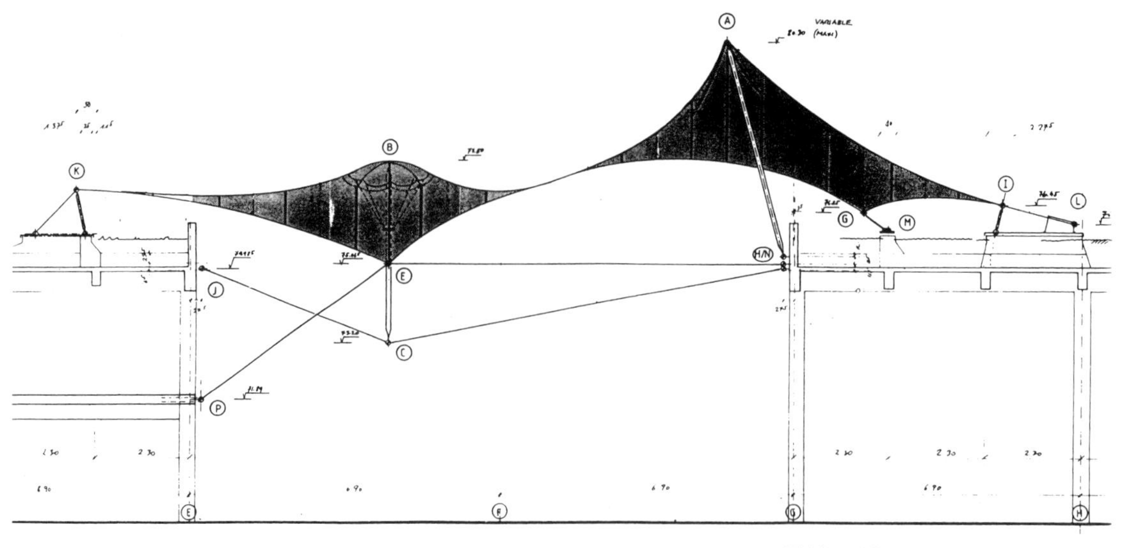

图 10.1.10
薄膜的细部剖面图

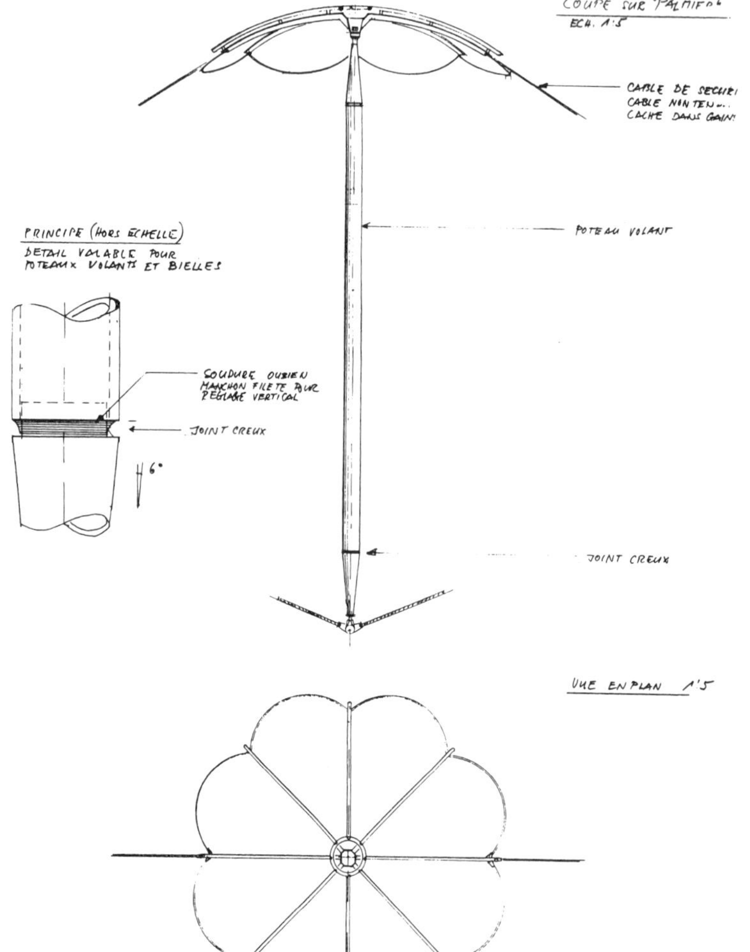

图 10.1.11
伞状支承细部图

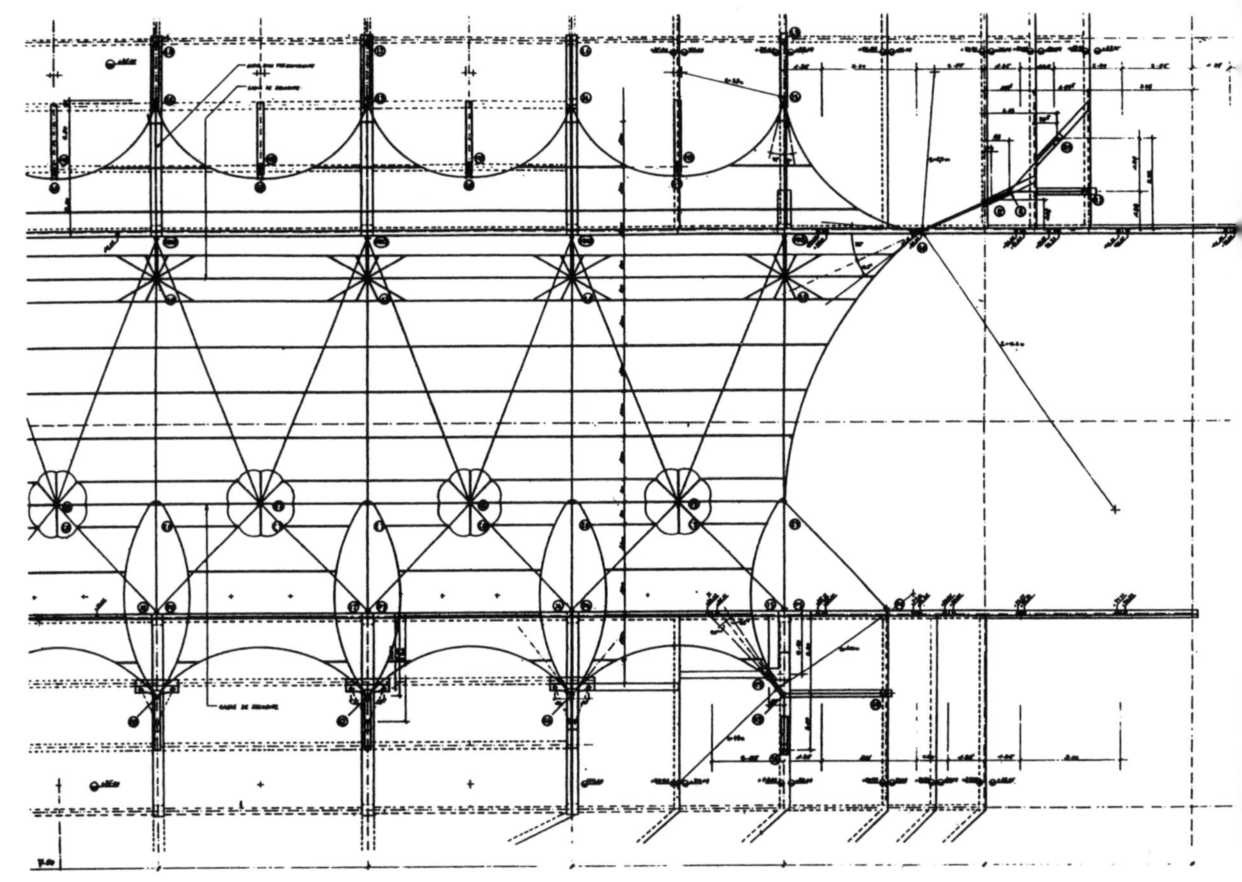

图 10.1.12
薄膜屋顶结构平面图

案例研究2

外交俱乐部，利雅得

地　点：沙特阿拉伯，利雅得
时　间：1986年
建筑师：奥姆兰亚（Omrania）和弗赖·奥托
工程师：布罗·哈波尔德

1975年，沙特阿拉伯政府决定将外交部（the Ministry of Foreign Affairs）迁移到首都利雅得。在城市的西南部确定了一个新的外交区域。作为沙特阿拉伯政府的一个礼物，政府还批准修建了一个针对外交官和他们家人的新俱乐部。为了满足各种不同范围的功能和环境要求，最终建成的建筑物第一次将轻型薄膜结构、悬索网状结构和砌体结构结合在一起。

方案的最初设想是将一个防护墙同围绕室内花园的一群建筑物相连接。随着方案的进一步发展，墙体变为居住的房屋，这成为了建设中不可缺少的一个部分，而周围的建筑物则成为与墙体相连接的轻型薄膜结构建筑群。整个建筑物有三个半透明的薄膜结构坐落在“墙体”的外部，另外两个坐落在内部花园上，这两个结构采用了索网形成的表面。在景观花园的中心，政府修建了一个装有单独的彩色玻璃瓷砖的独立索网顶篷。

厚的砌体墙与钢筋混凝土结构一起，具有较好的保温隔热性能，从而能减少内部气温的变化以及内部空间降温的负荷。经过认真的规划，这个复合的结构能使“墙体”满足细分空间和封闭环境控制的要求，同时，轻型结构覆盖的空间可用于对环境要求不是很严格的间断性的活动。

外部的玫瑰

被称之为外部的“玫瑰”包括一个餐厅、娱乐室和运动设施。PVC涂层的多元酯膜材和PTFE涂层的玻璃纤维膜材均被考虑用作外部的薄膜，最后采用的是寿命较长的后者。薄膜屋顶基本上是个锥形。幅射状支承索从固定于外部砌体结构上的漂亮扇形柱连接到地面的A形框架基础上。薄膜结构在高处连接于扇形柱之间的索上，低处的边界连接于固定在周围支承的一些索上。在A形框架支

图 10.2.1
中心帐篷

承处，辐射状的索和边索跨过框架的鞍部，并在索与锚固的连接处用特殊的索具螺钉固定。固定在薄膜边缘的钢夹板紧邻砌筑墙体，并采用可调节的索具螺钉与销在墙上的杆件相连。索具螺钉沿着墙体布置，并在悬索的末端给薄膜施加的预应力为3～4kN/m。

索网屋顶

内部花园的“玫瑰花”采用索网结构形成马鞍形曲面，跨越在墙体和周围支承之间。索网结构覆盖着一个入口和宴会厅。索网采用的是14mm直径的钢索，布置成中心间距为500mm的平行网格，边界处索的直径为44mm。索网上覆盖的不是薄膜而是木板，绝缘、遮风、挡雨，并且外包蓝色陶制花砖。

因为屋顶覆盖物不是半透明的，故在屋顶上安装了玻璃，以便光线照射到平面中心。

中心帐篷

在利雅得的外交俱乐部，最漂亮的屋顶就是中心帐篷的玻璃天篷，它坐落在中心花园中。帐篷的天篷是由2000多块手工绘制的强化彩砖组成，这些彩砖是由8mm厚的玻璃制成，或者是方形的或者是棱形的，其精确尺寸是由计算机计算出的索网尺寸来确定的。索网是由成对的6mm直径钢丝绳和用于脊索和边索的19mm金属绳组成。一个独立的中心柱支承着索网。所有的结构构件都是不锈钢的，而支承在成对钢丝绳上的特殊设计的玻璃彩砖夹具采用的是铅衬不锈钢夹。

参考文献

Architectural Design(1987),Engineering and Architecture, Academy Group, London

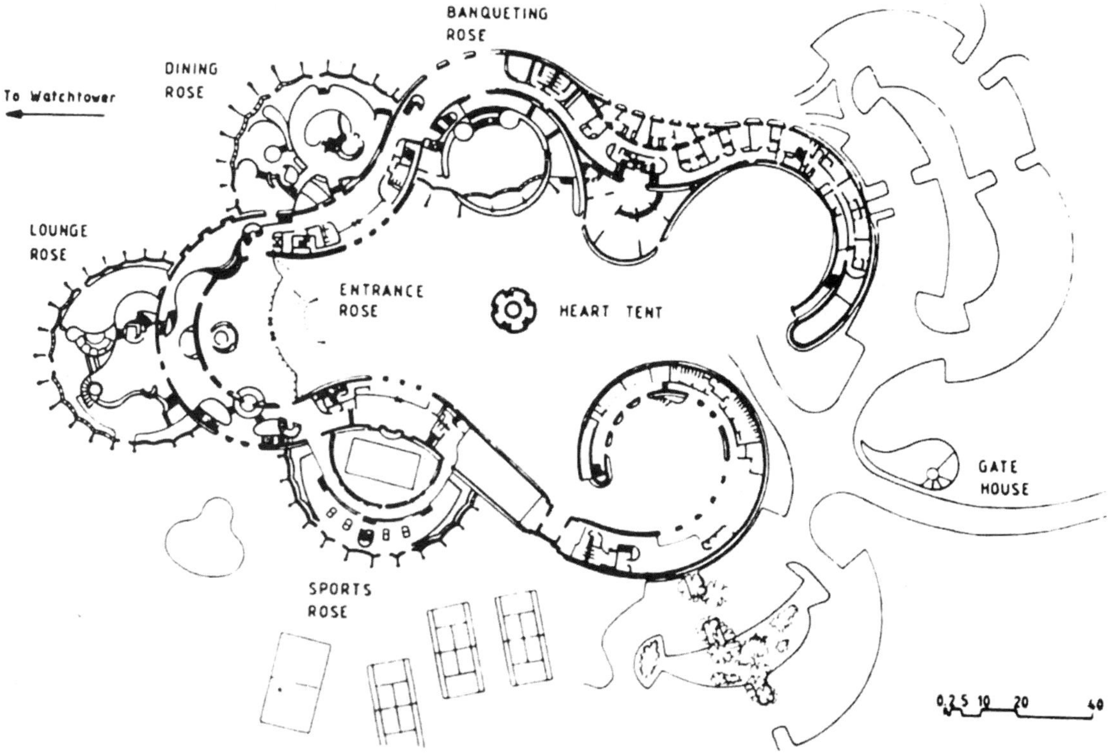

BANQUETING
ROSE
DINING
ROSE
To Watchtower
LOUNGE
ROSE
ENTRANCE
ROSE
HEART TENT
GATE
HOUSE
SPORTS
ROSE
0 2.5 10 20 40

图10.2.2
平面图

图10.2.3
砌体墙用于对环境控制要求极高的房屋

图10.2.4
高点是由砌体墙支承的扇形钢柱形成

图10.2.5
索网屋顶上的玻璃构件

图 10.2.6
砌体墙外部的薄膜结构

案例研究 3

施伦贝格尔研究中心，剑桥

地　点：英国，剑桥

时　间：1984 年完工

建筑师：迈克尔 · 霍普金斯合伙人事务所

工程师：阿鲁普合伙人事务所（薄膜屋顶），安东尼 · 亨特事务所（Anthony Hunt Associates）（钢结构）

英国剑桥施伦贝格尔研究中心于1984年完工，它是英国第一个采用特氟隆涂层玻璃纤维薄膜的大型结构。虽然这个建筑物远离城市，但是它成功地展示了一个薄膜封闭空间如何与特别常规的直线型结构相结合，对张拉结构的发展具有一定的贡献。这个用于油类探测方面研究的建筑物要求包含一个钻孔测试站、实验室、办公室和员工设施。这个建筑物还要能够提供科学家和研究人员之间的交流以及会见大学人员的空间。

按照对建筑物中房间的一个明确分类，即哪些需要较大的使用空间，哪些需要较小的使用空间，将空间分割后就产生了一个简单的、符合逻辑的平面形状。两个南北方向的单层侧厅被一个24m宽的空间分割开，这个24m宽的空间是由单层薄膜覆盖。中部空间被分为三个部分，其中，两个用于钻孔测试站。钻孔设备仅需要简单的遮蔽，并需要合适的较大空间，故采用了薄膜屋顶覆盖。第三个部分是冬季的花园，并且还是员工餐厅和图书馆。餐厅和图书馆的区域对环境控制有较大程度的要求，它位于单层办公室和研究设施的一侧，单层办公室和研究设施起到了缓冲区的作用。薄膜具有13%的透光率，穿透薄膜结构的太阳光对薄膜屋顶下的空间很有益处。另外，跨越中心空间并分割薄膜的棱柱屋架镶有玻璃，以提供天空的景色并且使一定的阳光直射进入深层平面的中心。

直射和漫射太阳光的结合使得中心空间具有一个独特的光线，若是采用较多的常规屋顶是很难达到这一效果的。在夜晚，这些空间受到固定在内部钢结构上的灯光的照射，并由薄膜将光线反射到下部空间。

屋顶结构

屋顶薄膜被分割为三个主要部分，以便和18m × 24m的结构开间相一致。另外，在建筑物的两端分别采用了张拉结构镶板。在

图 10.3.1
外部夜景

每一个薄膜结构中薄膜边界固定在一个直线型的框架上，框架则通过玻璃板与主结构分开。薄膜的悬吊和张拉是通过悬挂在外部八对管状钢柱上的钢索实现的。这些柱子支承在2.4m宽、19.2m长的钢格构架上。这些构架通过1.5m高、24m长的棱形桁架构件相连接，从而形成跨越中心空间的大门。通过拉杆连接于主柱上的空中吊杆形成外部框架，外部框架对薄膜进行张拉以使其形成双曲形状。一旦薄膜安装并固定到位，通过缩短每一根脊索与空中吊索之间的连杆即可对薄膜施加预拉力。

参考文献

Brookes, A. and Grech, C. (1990), *The Building Envelope,* Butterworth Architecture, London

Davis, C. (1988), *High Tech Architecture,* Thames and Hudson, London

Haward, B. (1984), Hopkins at Cambridge, *Architect's Journal,* 1 Feb

图10.3.2
冬季花园内景

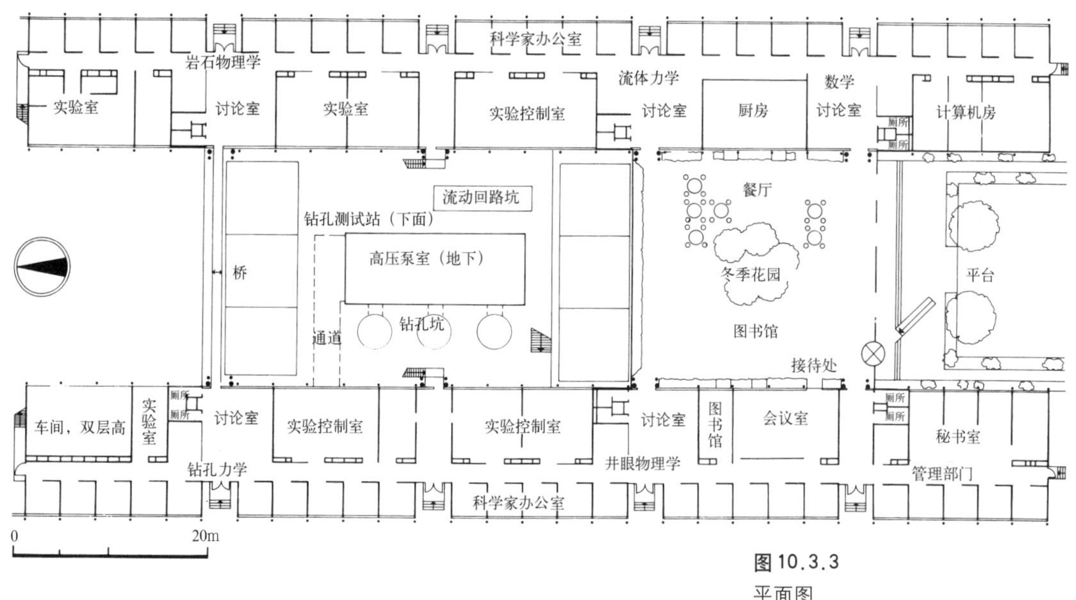

图 10.3.3
平面图

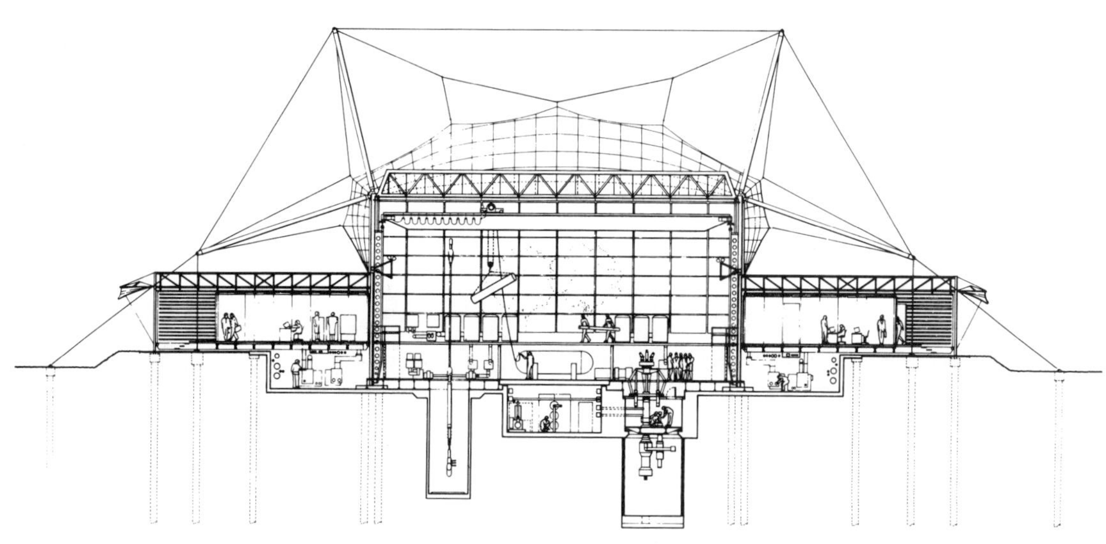

图 10.3.4
测试实验室剖面图

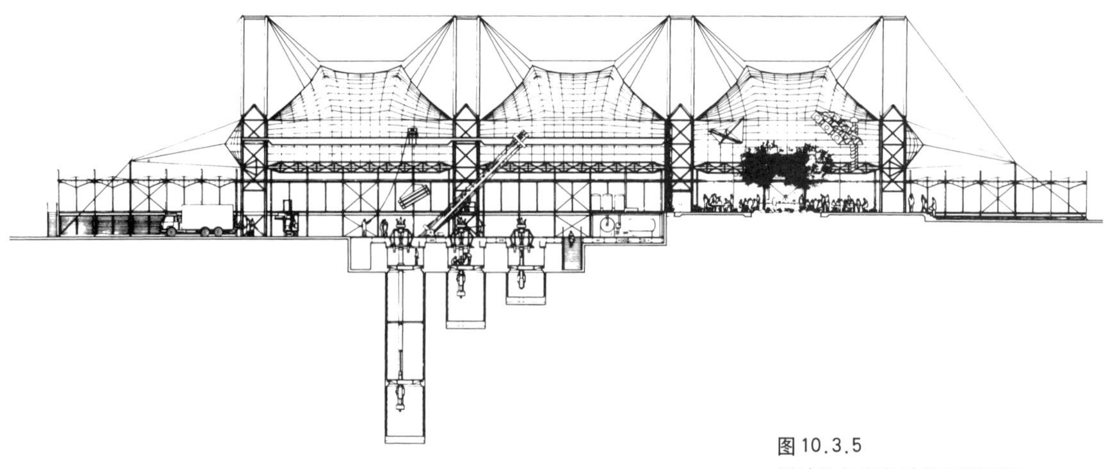

图10.3.5
测试设备和冬季花园剖面图

图10.3.6
建筑在其绿地上形成一个醒目的景像

图 10.3.7
端部的薄膜结构

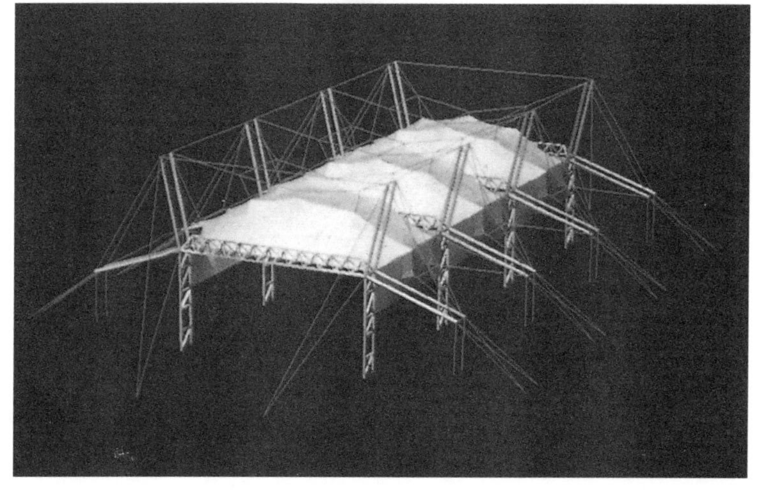

图 10.3.8
计算机生成的模型

图 10.3.9
悬链状索对薄膜的张拉

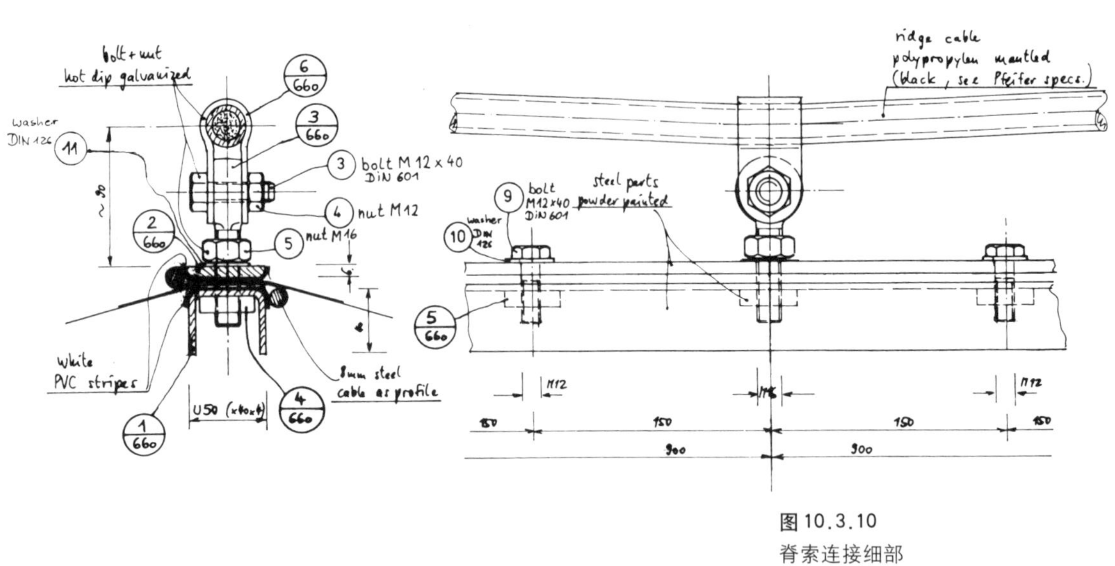

图 10.3.10
脊索连接细部

图10.3.11
直射光通过玻璃区域进入内部深层平面

图10.3.12
一个薄膜单元的安装

案例研究 4

加拿大港广场，温哥华

地　点：　加拿大，温哥华
时　间：　1985 年
建筑师：　Downs Archambault，Musson Cattell Mackey，Zeidler Roberts 合伙人事务所
工程师：　Geiger-Berger 联合事务所

加拿大港广场是1986年世界博览会在温哥华港口码头上修建的惟一一个采用混合结构形式的综合体。在主展览大厅上具有雕塑感的张拉屋顶是表现这个综合建筑中的一个关键元素，并且，它能够使人联想起海上的景色。

1986年的世界博览会的加拿大馆位于主展厅，这个主厅现在作为不列颠哥伦比亚省的贸易和展览中心。除了主展区外，这个综合建筑还包括一个巡航船总码头、温哥华的泛太平洋（Pan Pacific）酒店、办公室、零售店和辅助空间。薄膜屋顶覆盖了9500m^{2}的建筑空间，净宽达到了52m。覆盖主厅的这个薄膜结构也覆盖了坐落在码头端部的圆形Imax剧场。在这种情况下，特氟隆涂层的薄膜被向下拉至曲线的肋上，从而形成结构的空间形状，以满足薄膜与剧场周围曲面墙连接的要求。

五对锥形钢柱形成了结构的高点，悬挂薄膜屋顶的钢索就拉在这五对钢柱之间。主展区上的钢谷索向下拉薄膜，形成双曲空间形状。特氟隆涂层玻璃纤维薄膜的外层能够抵挡风雨，并且，允许一些太阳光进入室内。

更为透光的内层薄膜作为建筑顶棚装饰，同时也具有绝缘和吸声的功能。

参考文献

Architectural Record (1986), Vancouver: better than fair, July
Architectural Review (1987), Canada Place, February
Heavy Construction News (1984), Canada's showcase pavilion rises on Vancouver pier, 20 February

图 10.4.1
对于那些从水上到达的人来说，这栋建筑是一个很醒目的景观

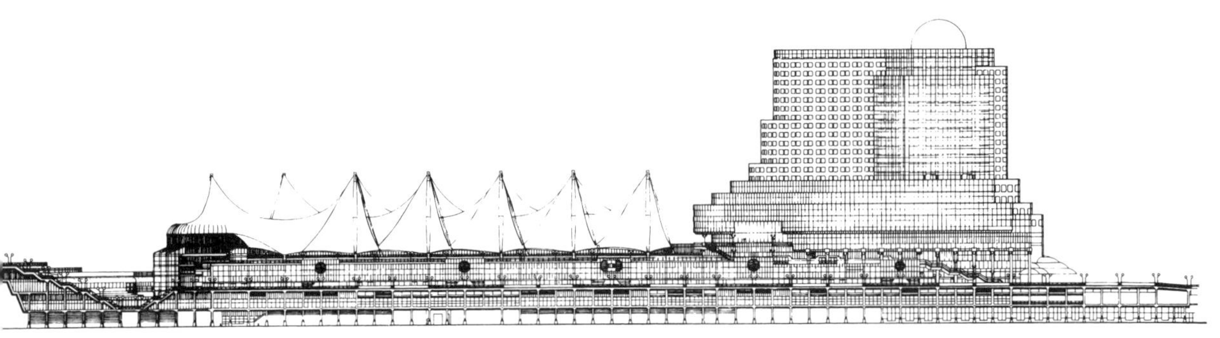

图 10.4.2
西北立面图

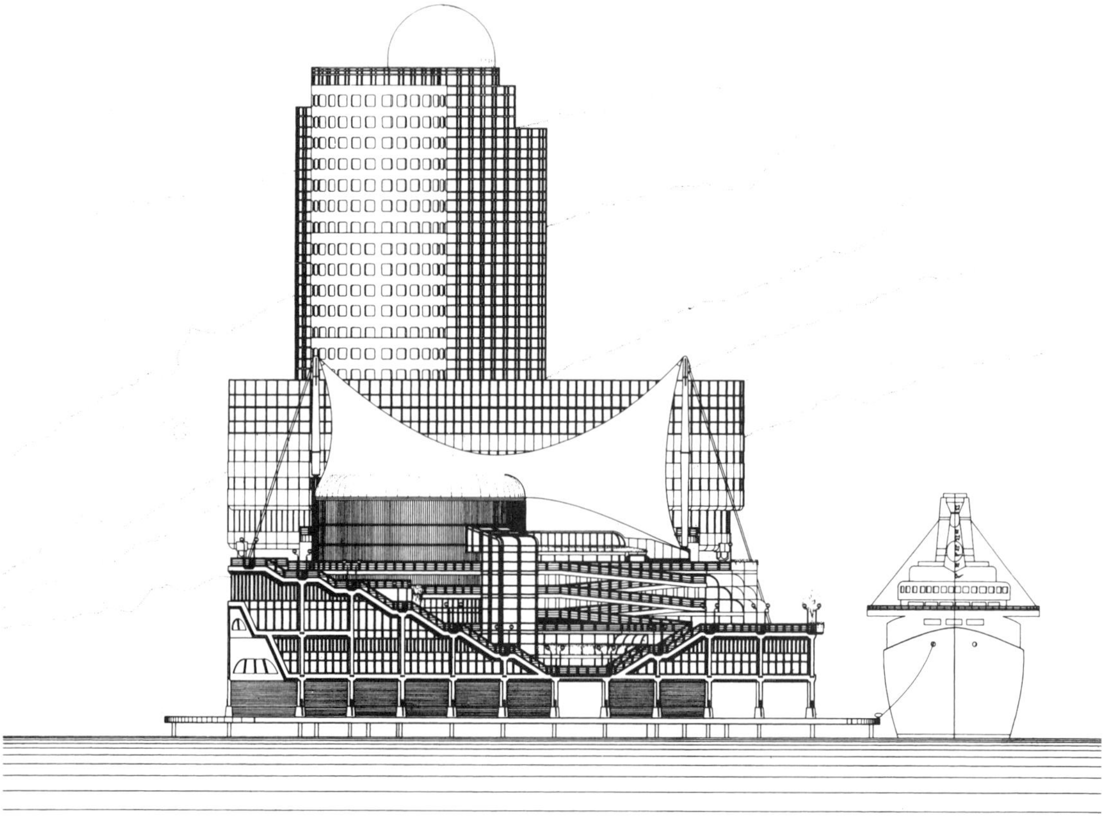

图 10.4.3
东北立面图

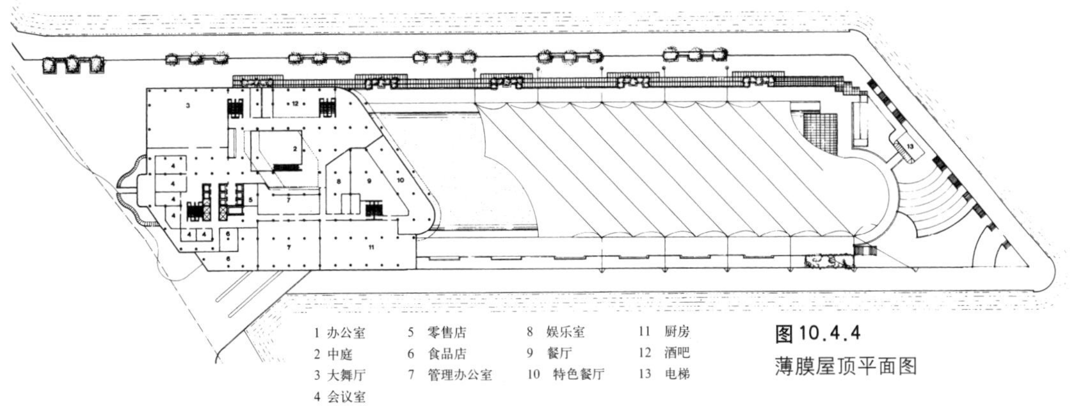

1 办公室　5 零售店　8 娱乐室　11 厨房
2 中庭　6 食品店　9 餐厅　12 酒吧
3 大舞厅　7 管理办公室　10 特色餐厅　13 电梯
4 会议室

图 10.4.4
薄膜屋顶平面图

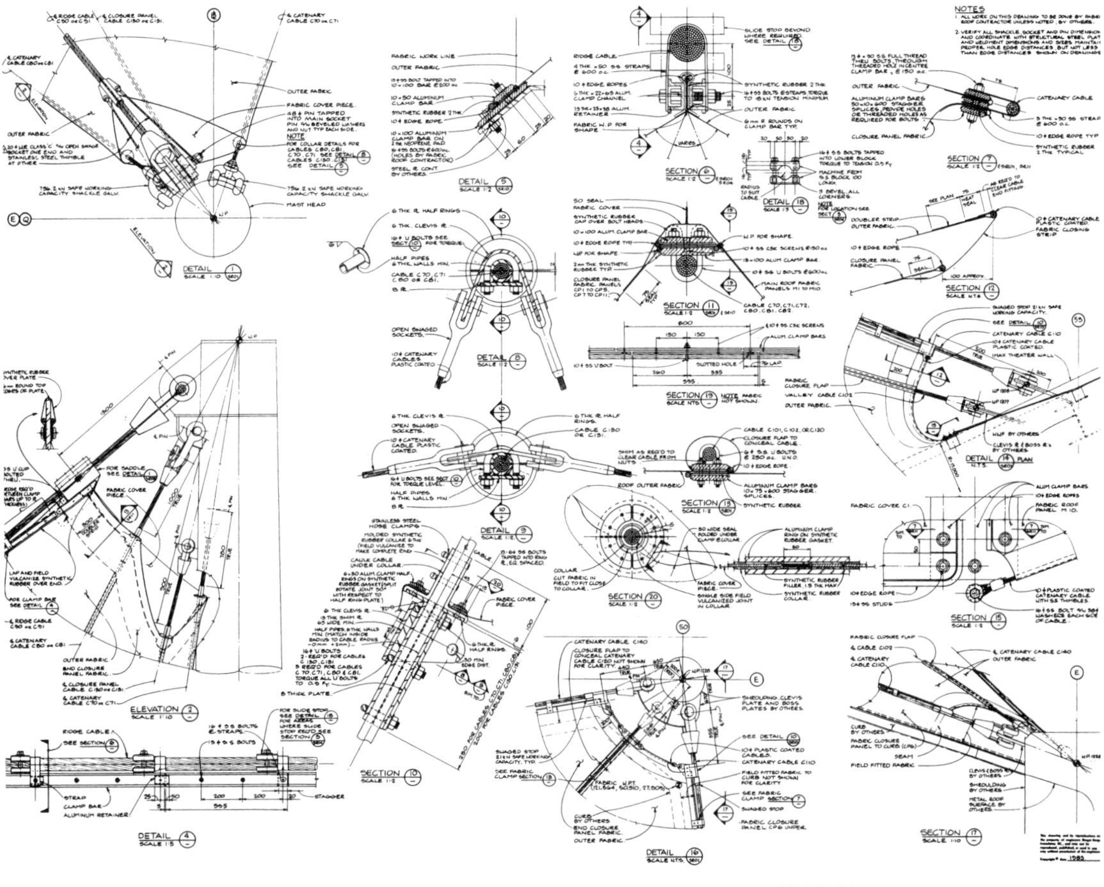

图 10.4.5
结构细部

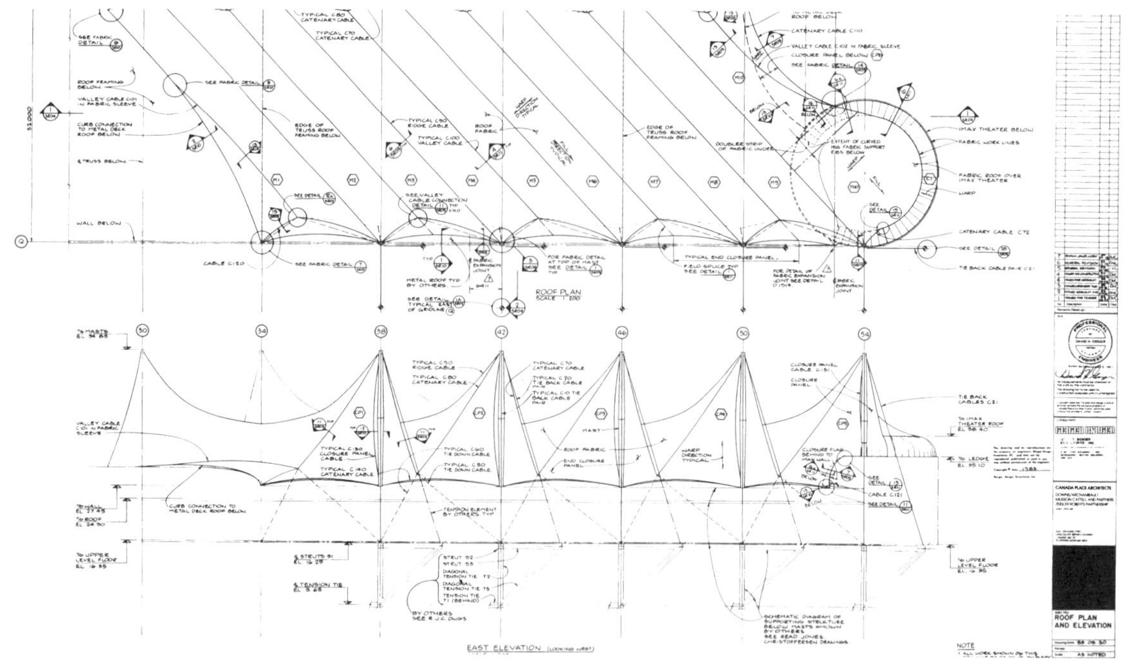

图 10.4.6
屋顶立面和平面图

图 10.4.7
模型研究

图 10.4.8
在城市的边缘，这个建筑变得更加普通平凡

图10.4.9
夜景

图10.4.10
连接于典雅的钢柱上的支承索

案例研究 5

芒德看台，伦敦

地　点：英国，伦敦皇家板球场
时　间：1987 年
建筑师：迈克尔·霍普金斯合伙人事务所
工程师：阿鲁普合伙人事务所

伦敦皇家板球场芒德看台是Marylebone板球俱乐部于1985年2月限制竞争的结果。尽管它的薄膜屋顶没有形成一个封闭的空间，但它却是在一个常规城市环境中采用薄膜技术的著名工程。在竞标方案的概念设计草图中，建筑师迈克尔·霍普金斯能够明确地理解他要在著名皇家传统场地上进行建设。这个建筑物是对其历史环境的一个回应，同样也是对组织保守性格的一个回应。

板球场看台很受欢迎的魅力在于轻型结构与已存在的原看台砌体结构之间的结合，原看台是由托马斯(Thomas)和弗兰克(Frank Verity) 在 19 世纪 80 年代设计的。建筑师选择了保留和扩展支承看台座位的砖石拱，而不是破坏已有的一些结构。这样使得这个工程可以分为两个阶段来完成，从而不会与板球赛季的时间相冲突。

采用轻型薄膜结构与已有的传统结构形式相结合能够表达出一定的诗意，在这个建筑物中，轻型屋顶与 19 世纪传统砌体结构的结合就优美地展示出这一点。

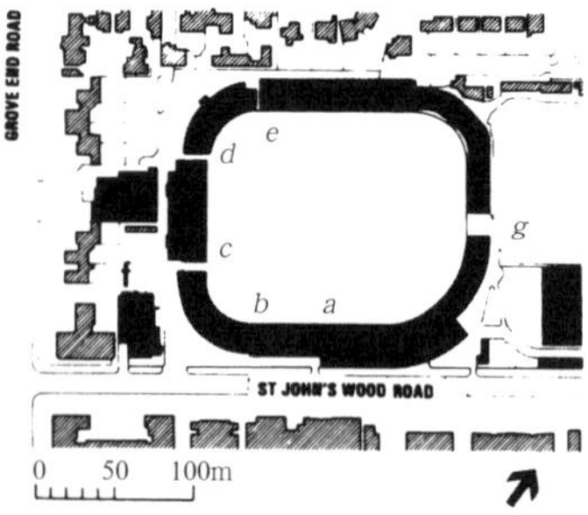

图 10.5.2
场地平面图

注释
a　芒德看台　　b　酒馆看台
c　休息室　　d　广播员看台
e　主看台　　f　皇家看台
g　训练场

薄膜屋顶

设计这个看台基本上是用来观看在一个晴朗天气下进行的运动，因此这个薄膜屋顶不需要为观众提供完全封闭的空间来抵挡英国最恶劣的天气。这个超级结构需要在看台以上采用最少的柱子，并能遮挡雨和夏天的阳光。在这个结构中，对私密性和封闭性有要求的空间布置在支承上部平台的结构之间。这从而使得上部结构不会受到任何限制，否则就会受到顶棚的妨碍，并会破坏类似大帐篷的外形。

很明显，屋顶和较高的看台只用极其少的构件支承。这是因为存在一个巧妙的平衡：悬臂看台在自重作用下会绕着中部结构向前倾覆，但在看台后部有竖直的软钢拉杆将其约束固定。这些连系杆

图10.5.1
新的结构与原有的砖石连拱廊相结合

锚固在地面上，并且也锚固在或捆在砖石墩上。采用这种方式约束这些连系杆能够使这些主要受拉的钢杆承担一定的压力，这些压力是由于风荷载或后面看台上的大量观众引起的。支承悬臂段的钢管柱作为六个屋顶柱的支承穿过楼板，这六个屋顶柱是用来悬挂薄膜的。屋顶是单层半透明的PVC涂层多元酯膜材，上表面加涂PVF（聚氟乙烯）涂层以防止UV的腐蚀。在每一个立柱上，薄膜固定在涂了漆的钢拉环上，这些钢拉环通过镀锌的钢索与柱子相连接。柱子与钢拉环之间的缝隙用锥形半透明PVC涂层的膜材封闭。在每一对柱子的中跨也是由钢拉环作为薄膜的约束，这些钢拉环通过钢索与柱子连接。薄膜的低边界连接于镀锌的钢边索上，钢边索又夹在屋顶支承杆之间镀锌钢索3.6m的中心处。

芒德看台说明，合理地采用薄膜屋顶时能够形成一个适应当代需要的建筑物，同时，能够对人们所热爱的历史环境的发展做出贡献。

参考文献

Architectural Review (1987), Cricket Stand Marylebone, London, September

Glancey, J. (1987), Two for the test, Architects Journal, 18 Feb

Jenkins, D. (1991), *Mound Stand, Lord's Cricket Ground,* Architecture Design and Technology Press, London

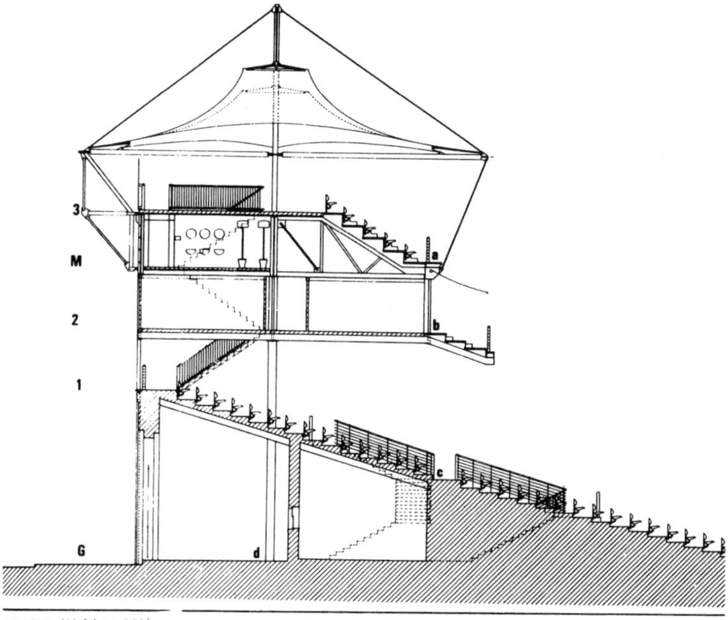

图10.5.3
剖面图

剖面图（比例1：250）

图10.5.4
平面图

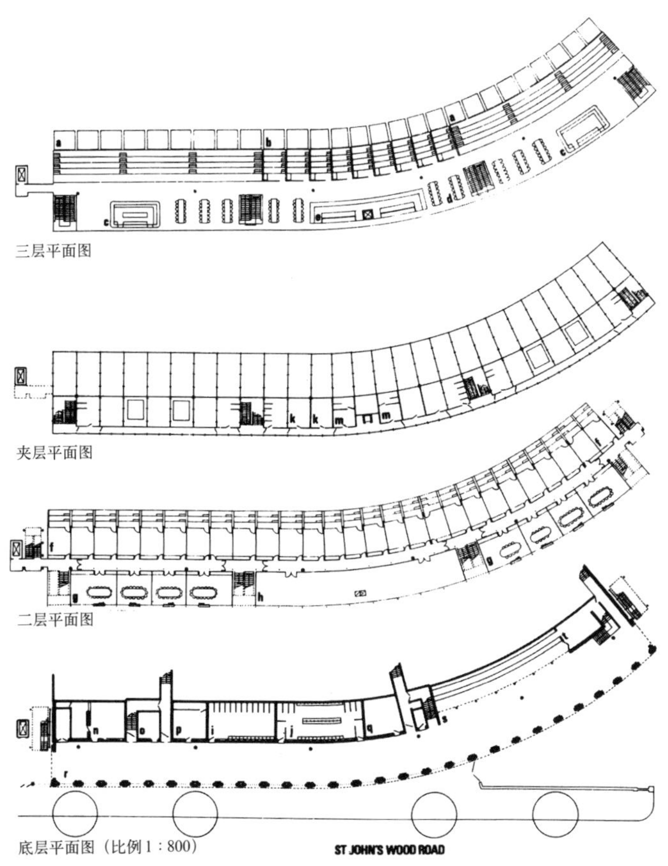

三层平面图

夹层平面图

二层平面图

底层平面图（比例1：800）

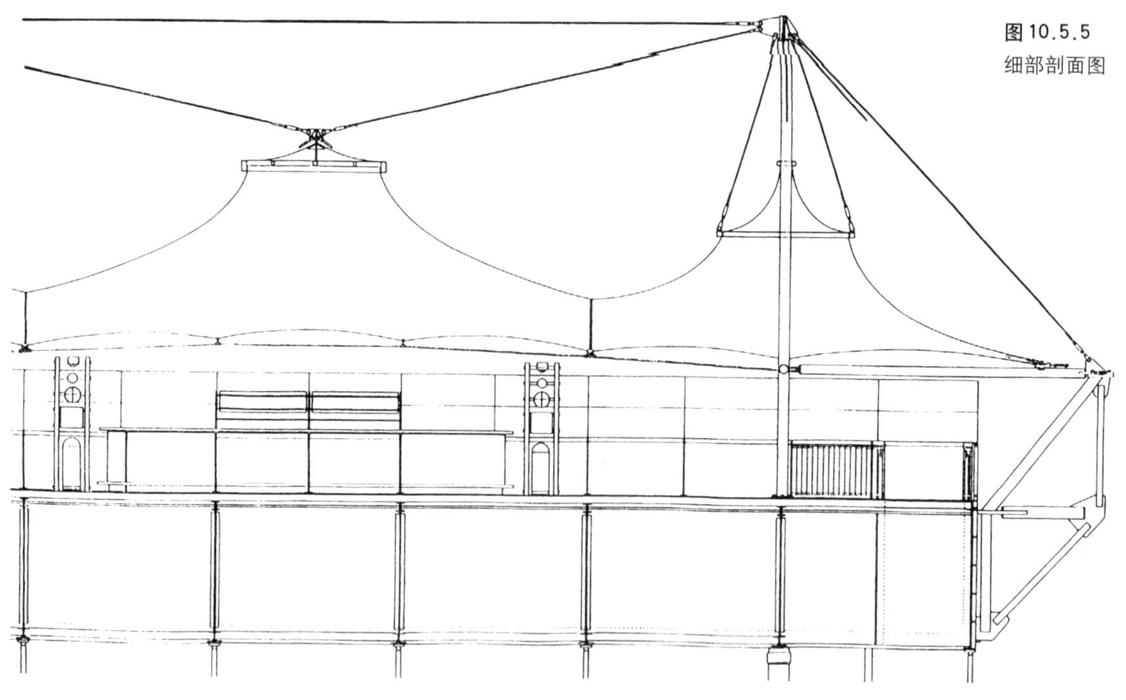

图10.5.5
细部剖面图

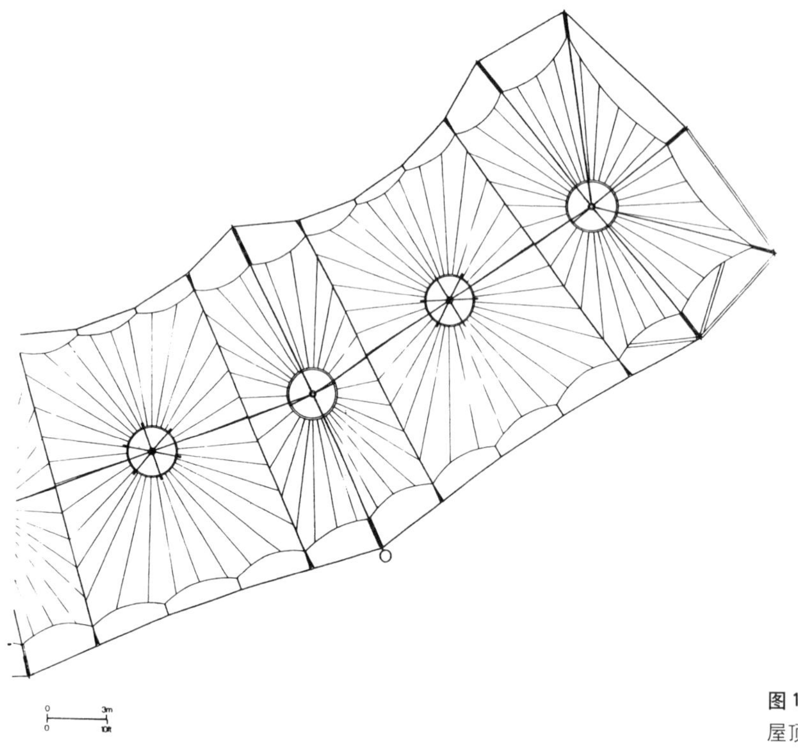

图10.5.6
屋顶平面图

图10.5.7
正面看台景观

图10.5.8
屋顶和较高处的看台是关于中心柱的一个巧妙平衡

图10.5.9
大帐篷式的屋顶营造一个欣赏英格兰国家运动的适宜环境

图 10.5.10
薄膜边连接在横跨钢桅杆之间的悬链缆索上

案例研究 6

拉·德方斯的新凯旋门，巴黎

地　点：法国，巴黎
时　间：1989 年
建筑师：保罗·安德鲁（Paul Andreu）
工程师：RFR，阿鲁普合伙人事务所

悬挂在巴黎新凯旋门下的张拉天篷是巴黎机场(Aeroports de Paris）的保罗·安德鲁、阿鲁普的彼得·赖斯以及 RFR 共同合作的作品。这个拱门的建筑师施普雷克尔森（Johan Otto von Sprecklesen）辞职后，安德鲁和赖斯继续以“云”的概念进行设计，这个“云”的概念是施普雷克尔森竞标成功的一个特点。

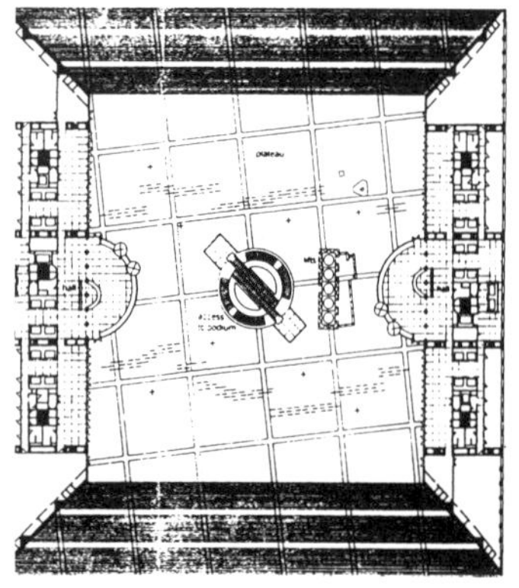

图 10.6.2
平台高度处平面图

悬挂在立方体巨大中空内的结构是第一个采用一系列轻型天篷组合的结构，用其将新凯旋门下的平台与主轴左右的开放空间联系在一起。自由式造型设计的索网和薄膜结构与中空立方体严格的柏拉图式的几何形状形成对比，在平台上形成了一个更为人性化的空间，在此可以举行室外表演和活动。

这个天篷在巨大开敞空间内的位置给设计师提出了许多特殊问题。由于这个大门具有倾斜的侧面和凸起的平台，风荷载对天篷的作用十分重要，从而使得这个结构和支承体系必须能够承受较大的荷载。在云状天篷的细部设计完成之前，立方体的施工已经开始，所以对锚固点的位置和承载能力就有了限制。另外，根据防火法规的要求，在建筑内发生火情时，平台是逃生路线。因而，即使云状天篷失去了建筑中一部分的支承，它应能够保持其本身的结构整体性。

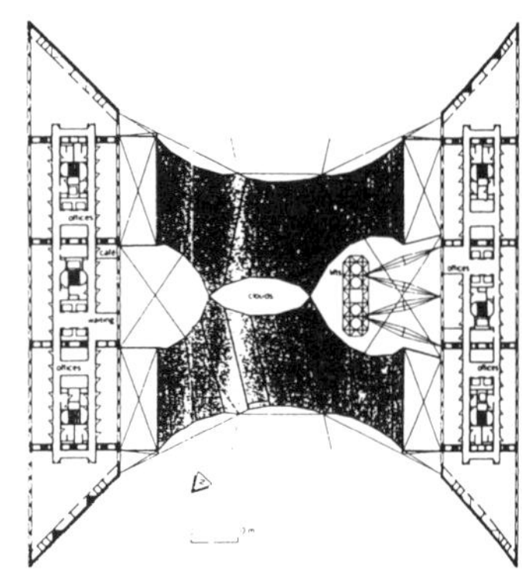

图 10.6.3
天篷高度处平面图

这个结构跨越在立方体两侧面之间，是由凸起的钢索梁形成，这些钢索梁施加了预拉力以平衡“自由形状”的边索。在它们的连接处采用的是专门设计的钢铸件，天篷安装过程中和使用时，在风荷载作用下，这些钢铸件能够产生三维的转动。这个结构在平台之上的高度范围是从 9～25m 之间，覆盖面积约为 2000m^2。钢丝绳和镀锌钢绞线结合使用作为支承索，其直径从 20～80mm 不等。

薄膜结构是由菱形单元组成，采用的是1mm厚的半透明PTFE涂层玻璃纤维膜。每个单元下部的支承采用的是小飞柱，小飞柱连接着 1m 直径的镀锌钢环。这些构件张拉薄膜，使其形成许多微曲的矮锥体。在镀锌钢环的中部装有 10mm 厚的强化玻璃圆盘，既能

图 10.6.1
新凯旋门下的张拉天篷

使直射光穿过天篷进入下部空间，也能使人们站在下部平台上透过天篷看到上部。

拉·德方斯的这个天篷采用的是索网与薄膜相结合，它说明了薄膜屋顶如何采用一系列重复的组件进行建造，并且当考虑结构或安全因素时，单跨薄膜或许不合适。

参考文献

AA(1989),October

Architects Journal (1989), Building Feature, 12 July

图 10.6.4

具有前庭结构的场地平面图

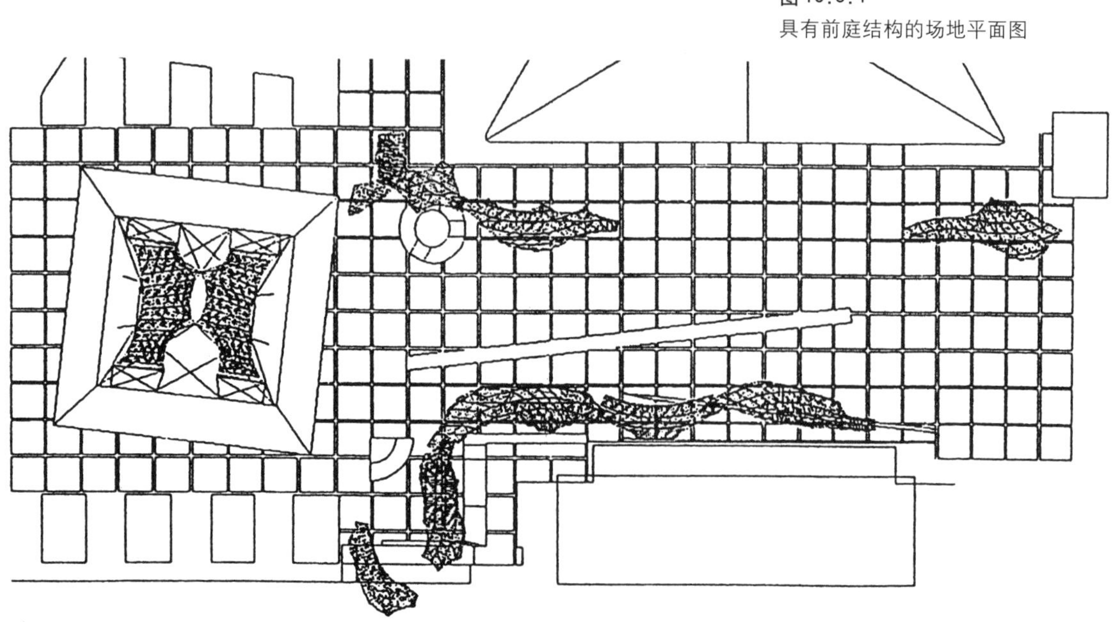

图10.6.5
张拉天篷悬挂于巨大的立方体中空内

图10.6.6
从下部看天篷

图10.6.7
缆索连接件及支撑柱

1 mm thick translucent PTFE-coated woven textile membrane (woven from glass filaments)
cable termination
ss support cable to flying strut
piral strand lower cable (galvanised wires with a inc paste filling between wires)
welded overlapped fabric seam
1 m diameter 10 mm thick toughened glass discs
2 No specially shaped 65 mm wide aluminium extrusions connected with ss bolts and enclosing reinforced edge of membrane
ss straps (polyamide strip between strap and galvanised steel cable)
galvanised steel anulus
galvanised steel radiating spokes
galvanised steel support ring
galvanised steel end fitting to cable (cable to terminate inside with a resin fitting)
bearing to allow cable to rotate
galvanised steel cable termination
bar to which ss straps are to be attached
node fitting (able to rotate freely to accommodate deflection)
65 mm wide aluminium extrusions enclosing edge of membrane and in 500 mm max lengths to maintain flexibility
etaining cap over in and bearing
galvanised steel saddle o allow rotation
free-form edge cable
ss straps (polyamide strip between strap and galvanised steel cable)
galvanised steel aerial node
cable termination
cable to plateau to pre-str able net
VIEW FROM BELOW

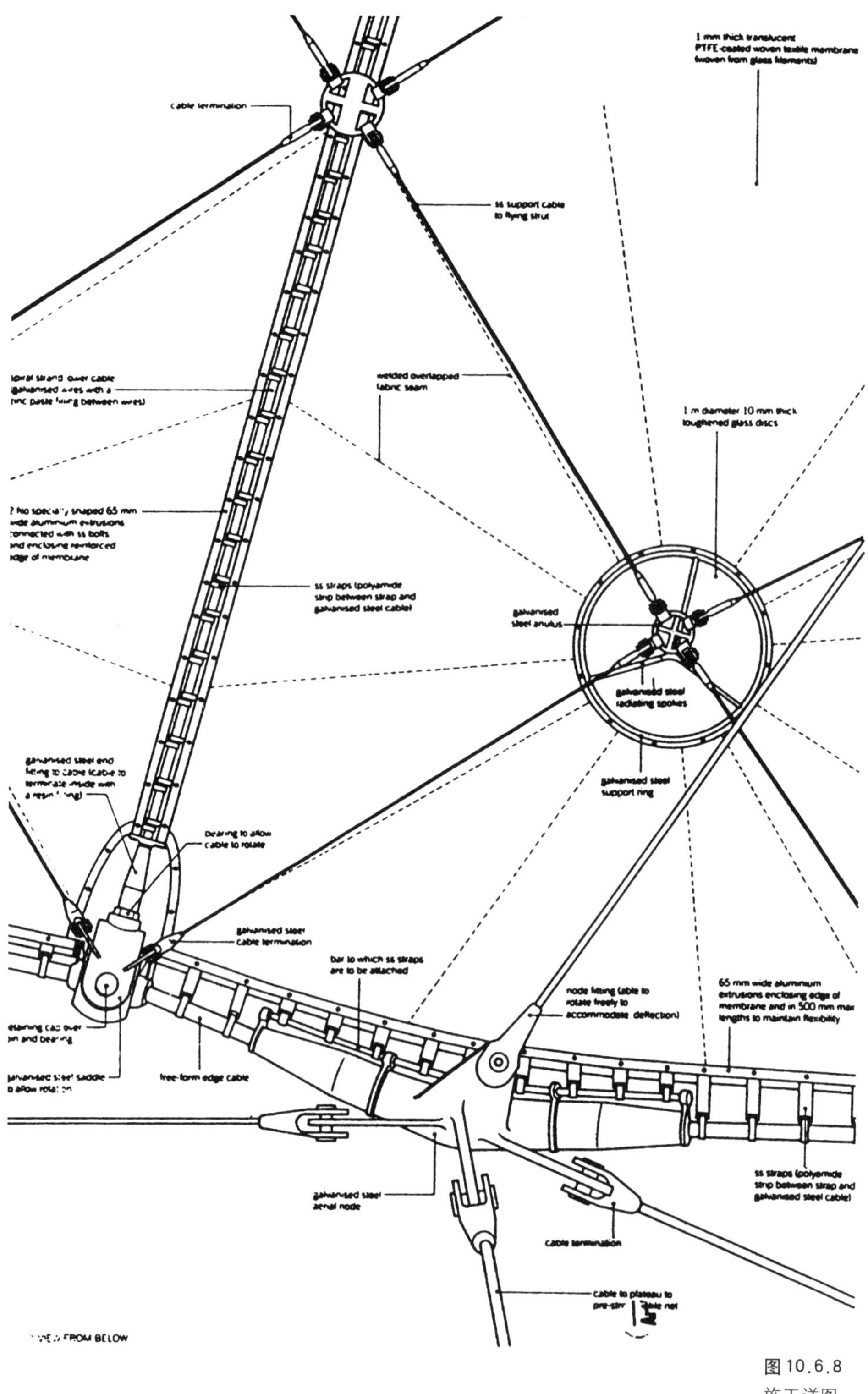

图 10.6.8
施工详图

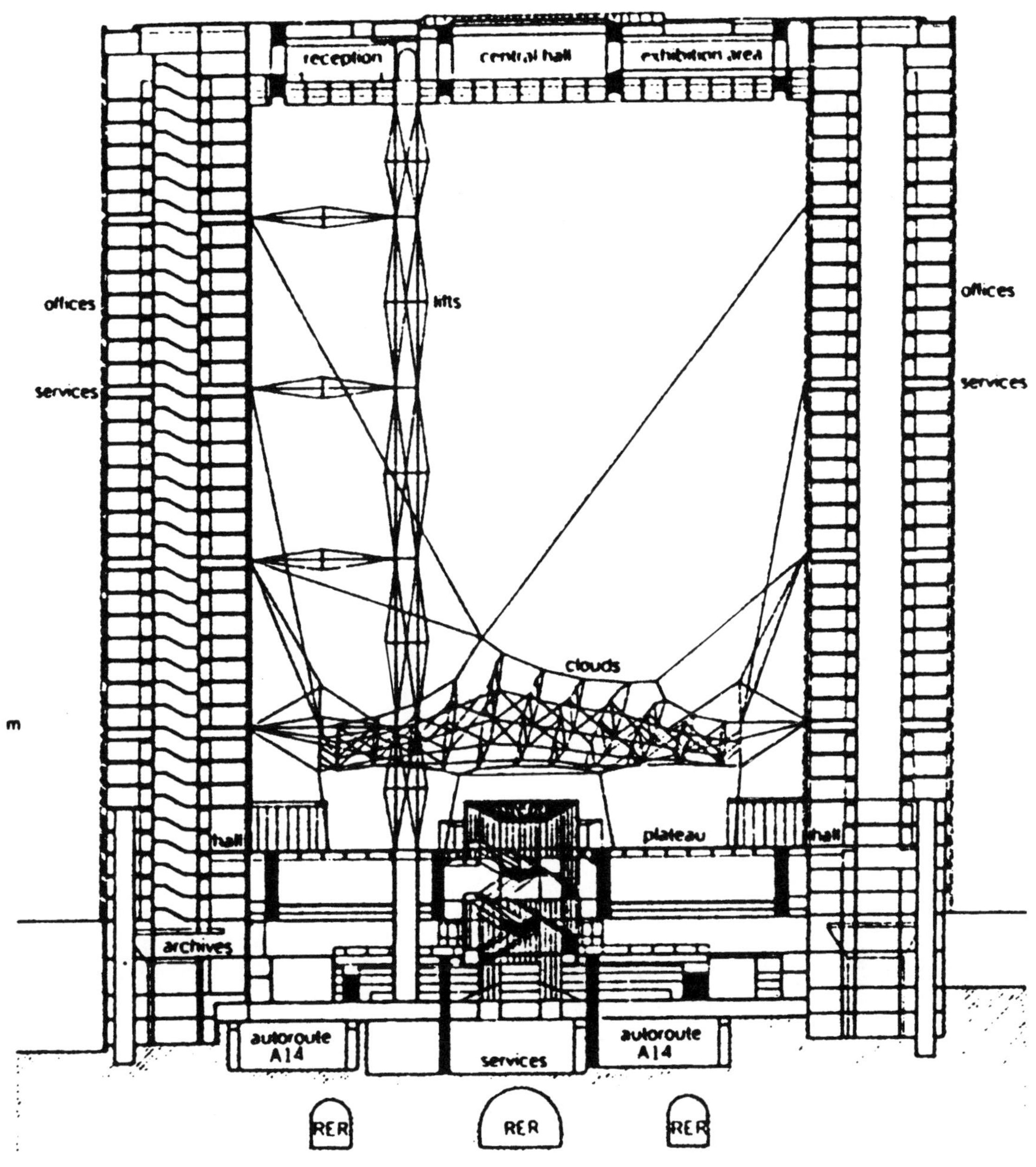

图10.6.9
通过拱门和天篷的剖面图

案例研究 7

M & G Ricerche 实验室，瓦纳佛罗

地　点：意大利，瓦纳佛罗
时　间：1992 年
建筑师：Samyn et Associés
工程师：IPL 和 Setesco

由建筑师贝尔吉（Belgian）和工程师菲利普 · 萨梅设计的 M & G Ricerche 化学研究实验室于1992年在意大利瓦纳佛罗建成。建筑物采用单层薄膜形成封闭空间，内有办公室、实验室、工厂和测试装置，Sinco 集团的研究工作即在此进行。在薄膜形成的封闭空间内，采用普通混凝土和砌体结构形成一些单独的封闭空间。在这些结构中，一些细分的空间用于实验设施，它们对环境的要求各不相同。

决定采用薄膜结构覆盖整个实验室使得施工工期减少到 10 个月，并且用较低的成本即可得到一个适宜的环境。

屋顶结构

为了最大限度地使用空间，白色的 PVC 涂层聚酯薄膜由六个马蹄形钢拱支承。通过预应力钢索的约束使三维钢管桁架保持横向位置，钢索连接于马蹄形拱下面的倒钢锥体上，在薄膜曲面的衬托下很清晰。从两端向中间拱的尺寸是逐渐增大的，中间最高的高度为 16m。这个特轻的钢结构是由 1764 个钢管组成，共有 441 个不同的形状，由完全自动的绘图程序和建造方法形成。

通过保持内部结构与外部薄膜完全分离，曲面形状与直线结构连接的问题就可以避免了。然而，为了使直射太阳光进入室内和从室内能够看到室外，在接近地面的薄膜扇形边界处采用了透明玻璃。玻璃与薄膜边界的连接采用的是透明的 PVC 封闭膜条。钢拱本身由透明的 PVC 薄膜覆盖，利用金属板和拉索在三角平面内对薄膜施加预应力。透明膜材的这种使用方式可以使直射太阳光进入室内平面中心，并且增加了钢结构的清晰性。

图 10.7.1
外部夜景

环境方面

瓦纳佛罗的这个工程说明了如何使用一个封闭的薄膜结构营造一个比较适宜的环境，并满足各种不同的活动。由于环绕建筑物的是一个湖，设计师进一步降低了环境的需求。在意大利炎热的夏天，湖水可以帮助降低外部的气温。为了进一步降低室内的温度，空气通过地下井并穿过与水池表面平齐的进气管被吸入建筑内部，从而不需要空调就能降低进入建筑物内的空气温度。另外，由于建筑物坐落在一个湖中，建筑师避免了将薄膜设计到地面的高度会引发的潜在的安全问题，并且行人触摸或损坏薄膜的可能性也降低了。

参考文献

Architectural Review (1992), Building Chemistry, May

图10.7.2
通过扇形玻璃能看到室外

图10.7.3
内部平台景色

图10.7.4
环绕建筑物周围的水在微观气候上有一个降温的作用

图10.7.5
模型

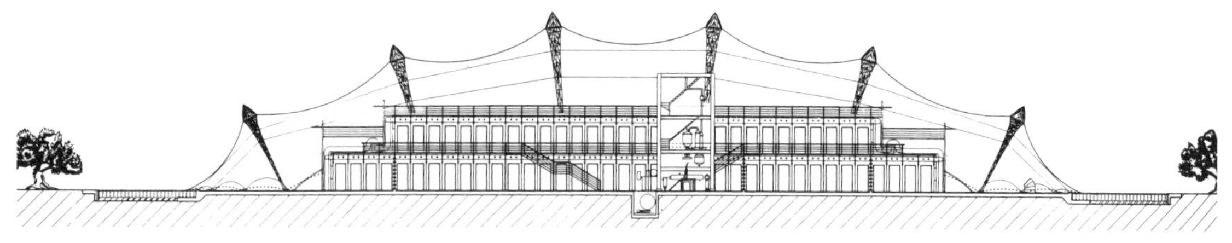

图 10.7.6
纵向剖面图

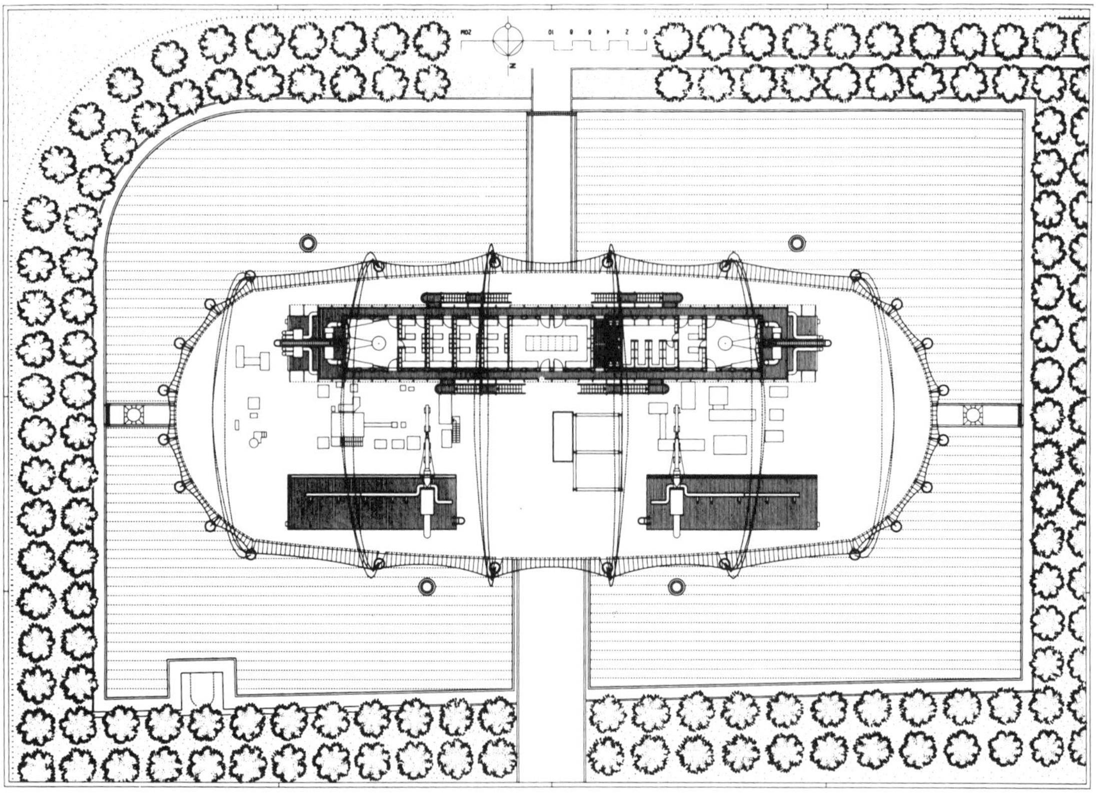

图 10.7.7
平面图

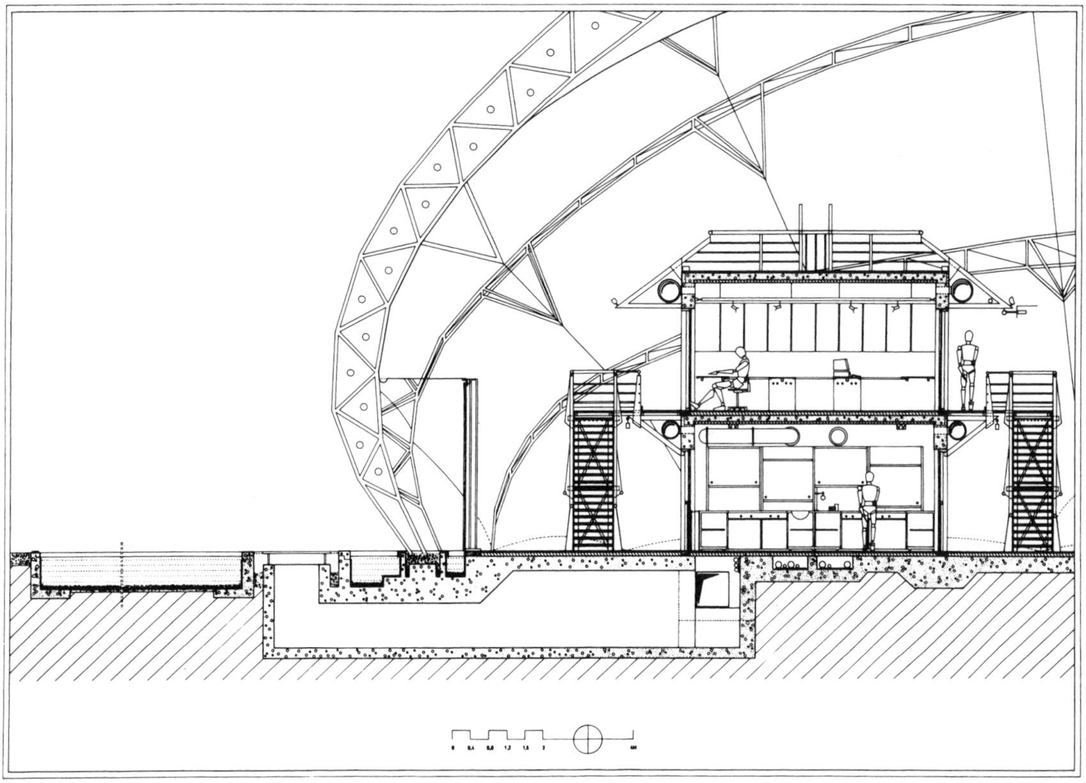

图 10.7.8
实验室和地下通风管的细部剖面图

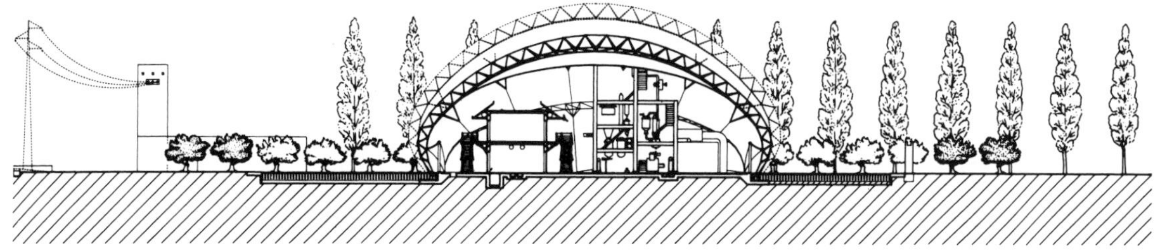

图 10.7.9
横向剖面图

案例研究 8

布尔计算研究中心，巴黎

地　点：法国，巴黎Gambetta大道
时　间：1988～1989年
建筑师：Valode et Pistre et Associés
工程师：彼得·赖斯，RFR

在法国巴黎第20区Gambetta大道上的布尔集团是法国建筑师丹尼斯（Denis Valode）和让·皮斯特（Jean Pistre）设计的，它是新建建筑物与翻新的20世纪50年代办公建筑的结合。L形的附加建筑将沿街立面沿着Gambetta大道延续下去，并且很明显具有20世纪法国现代建筑的特性。

新建部分与已有建筑一起围合成一个较大的7层空间。这个空间被一个玻璃墙一分为二，形成两个不对称的庭院。较小的空间由新建筑所围绕，是开敞式的。较大的五边形空间位于原有建筑的侧面，其屋顶采用透明聚碳酸酯和半透明薄膜相结合。

屋顶和内部空间的处理使得这个建筑物有一个迷人的内部空间，并且这个空间位于建筑物内交通的中心点。公共的设施例如自助餐厅、会议室和展览区远离中厅。这样，在连接中心电梯塔的走道上和在中厅本身的地面上增加了人们相互交流的机会。

与新的街道立面相比，中厅的墙面极其简洁，由涂以白色的平面和矩形玻璃组成。内部立面的简单处理突出了屋顶结构的精巧典雅，并且在内部的立面上可以看到由变化光线形成的上部框架的阴影图案。由于采用了半透明膜材与常规透明屋顶材料的结合，使得中厅全天都可以受益于变化的光线。

图10.8.2
中厅草图

图10.8.3
中厅景观

屋顶结构

扇形屋顶结构是由六个不对称的曲线形的三维钢桁架组成，附着在中厅墙上的树状支撑沿着一边支撑着三维桁架。这个新屋顶的设计能够使其作用在最初的20世纪50年代建筑物上的荷载最小。

这些桁架由透明的聚碳酸酯板形成的曲面覆盖。在钢桁架之间的屋顶是由单层的特氟隆涂层玻璃纤维薄膜封闭，这种膜材的透光率为15%。

图 10.8.1
由于采用了漫射光与直射阳光相结合，中厅全天都可以受益于变化的光线

由于这个建筑的几何形状，每 7 个桁架形成的部分都是不同的。通过调整薄膜的形状来处理，可以适应各个部分的不同情况。透明和半透明结合的屋顶有助于减少射入大厅的太阳光，同时也为内部空间提供一个栩栩如生的顶棚。

参考文献

Techniques et Architecture (1988) Centre de recherche en informatique, Group Bull, Paris, July

Techniques et Architecture (1989), dialogue avec le vide, October

图10.8.4
透视图

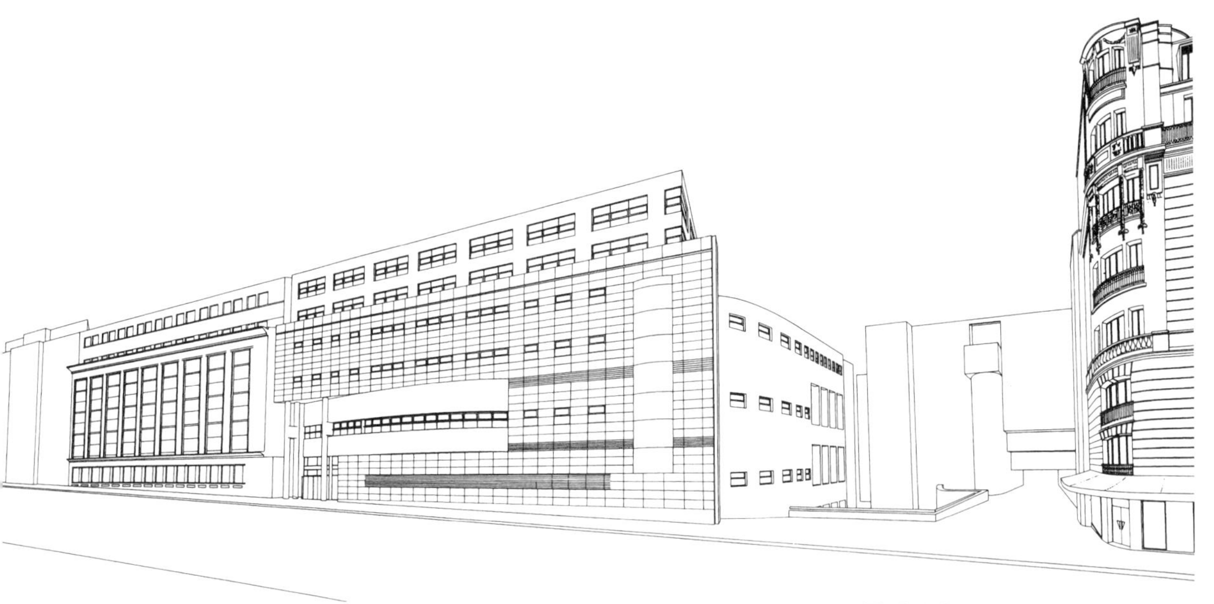

图 10.8.5
Gambetta 大道的立面图

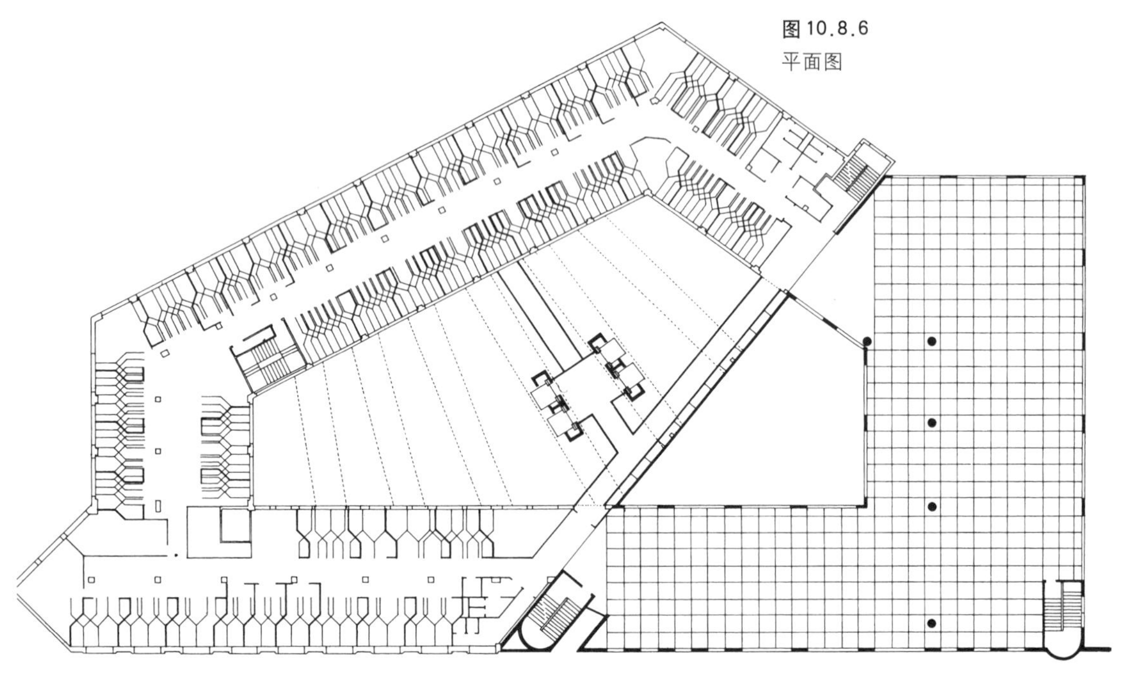

图 10.8.6
平面图

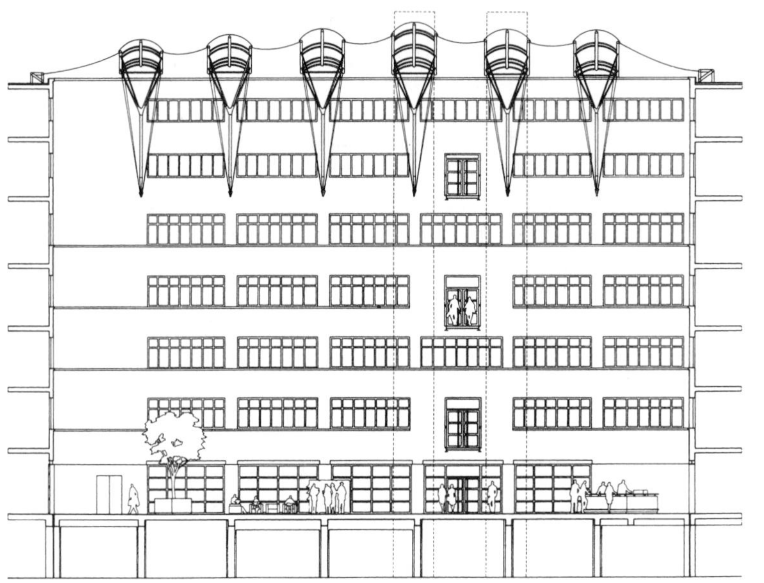

图10.8.7
中厅剖面图

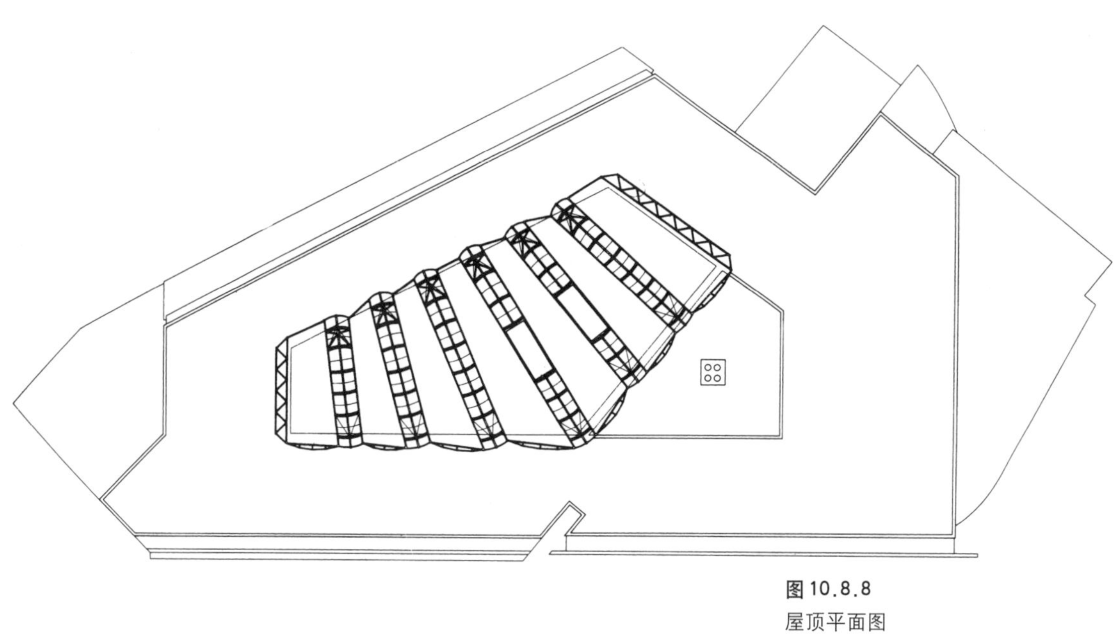

图10.8.8
屋顶平面图

图10.8.9
连接走道的剖面图

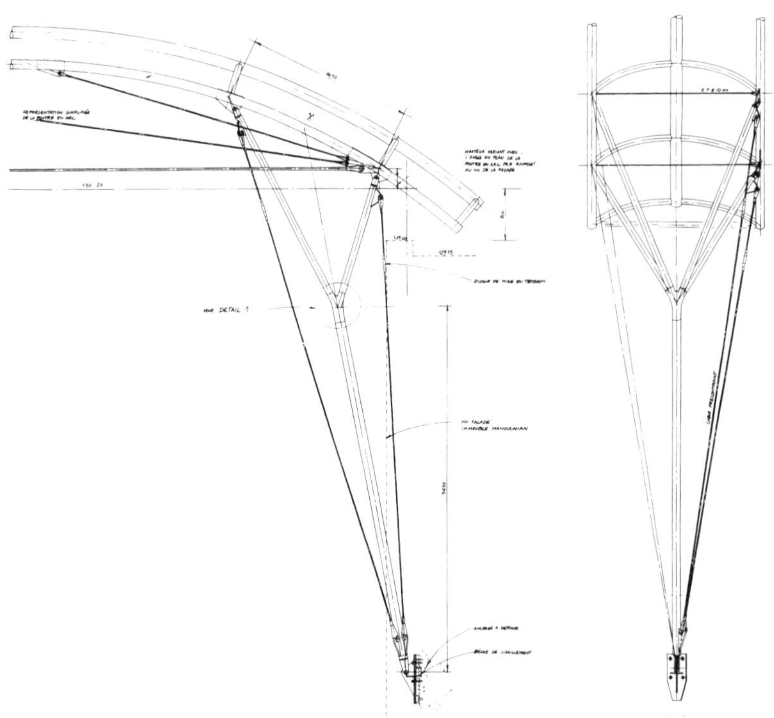

图10.8.10
树状结构细部图

图10.8.11
屋顶是由薄膜和聚碳酸酯材料组成

图10.8.12
透明立面使得人们能够看到室外的景色并提供了与变化气候更直接的接触

案例研究 9

斯塔福德郡大厦的改建，伦敦

地　点：英国，伦敦，Store 街
时　间：1988～1989 年
建筑师：Herron Associates
工程师：Buro Happold

位于伦敦的斯塔福德郡大厦的改建于 1989 年完成，它是一个在传统城市环境中建造张拉建筑最为成功的例子之一。这个新建筑作为 Imagination 公司设计和通信总部，拥有演播室、办公室、会议室和创作室，在这里孕育了公司生动的视觉效果。

原来的 Edwardian 学校建筑由两部分组成，位于前面的是月牙形的六层建筑，位于后面的是一个五层的建筑，要经受一个完全的内部改造。为了将这个建筑的两个分离的侧翼联合起来，并且使它们之间不规则的院子得以利用，一个轻型的单层薄膜结构作为屋顶覆盖在其上。漂亮的钢梁跨越在空间之上形成了一个壮观的、有日光照射的中厅。

张拉薄膜屋顶不仅覆盖了中厅，还向外延续覆盖了位于建筑顶层后部的 Imagination 长廊和外部阳台。与公司"激励、教育和娱乐人"（to stimulate,educate and entertain people）的方针相一致，长廊用于展览、艺术展示和集会。与高耸的中厅相比，长廊在尺度上给人亲切的感觉，并且，站在轻型屋顶下面，人们能够体验 Imagination 的内部世界，同时陶醉在伦敦的屋顶景色中。

图 10.9.2
改建之前的中空

中厅屋顶

在设计发展期间，建筑师曾考虑采用玻璃的屋顶，但是不对称空间的几何形状显得很难看。最终采用薄膜屋顶的花费是采用玻璃屋顶的 1/3，重量是其 1/6。覆盖在中厅和长廊上的半透明 PVC 涂层聚酯膜材大约有 15 年的设计寿命，并且被分为两个部分。在两部分薄膜的连接处是一个连续的排水沟，它同时也作为维护和修补的通道。中厅由单层膜材覆盖，而长廊空间采用的是双层膜材，以提供较好的绝缘性并降低冷凝的危险。

薄膜支承在有聚酯粉涂层的轻型钢框架上，这个框架是新加在

图 10.9.1
薄膜屋顶夜景

原来建筑物上的。钢杆穿过膜材形成的结构套箍，对薄膜施加应力，使薄膜张拉在框架上。一个单独的薄膜条覆盖在排水沟上，以防止连接件受到侵蚀。在中跨采用机床加工的铝制“手掌树”(palm tree）构件支承薄膜，并对其施加力。

在原始的设计中，中厅两端的薄膜会向下延伸到距地面3m的位置。然而，由于PVC膜材“燃烧平面扩散”(surface spread of flame)的测试结果不确定，端墙采用了一种有孔的金属外包金属的材料，它具有一个半小时的阻燃能力。

长廊屋顶

长廊屋顶说明了如何采用传统结构、玻璃幕墙和轻型薄膜结构相结合来封闭一个直线型空间。

长廊侧面的横墙是实心的，而纵墙则采用标准钢框架装配而成的全玻璃幕墙。在面向中厅的一侧，薄膜沿着建筑物的全长固定在连续的排水沟上。另外一侧的薄膜跨过玻璃幕墙，在外部阳台上形成遮阳伞和遮阳篷。在这种情况下，薄膜的约束和侵蚀的防止处于不同的位置。在薄膜跨越玻璃幕墙处进行了不完全的张拉和封闭性处理。在外部阳台上，通过钢索和飞柱对薄膜进行了完全的张拉。钢柱之间的单根钢索将薄膜的边界拉紧，使屋顶的边界具有扇形的特点。

Imagination建筑不可争议地说明，薄膜结构不再被认为仅仅适用于覆盖较大的空间。另外，它还说明张拉结构覆盖的空间可以成功地被细分，以适应不同的情况。在这些不同的情况中有多种多样的功能，或者对空间的主次性有要求。

参考文献

Allford, D. (1988), Maturity and innocence in Herron's Imagination, *Architecture Today,* October

Architects Journal (1990), Working details canopy structures, 11 April

Building (1989), In tents Imagination, 29 April

Lyall, S. (1992), *Imagination Headquarters,* Herron Associates, Phaidon Press, London

Pawley, M. (1990), Store Street Snowline, *Architectural Review,* January

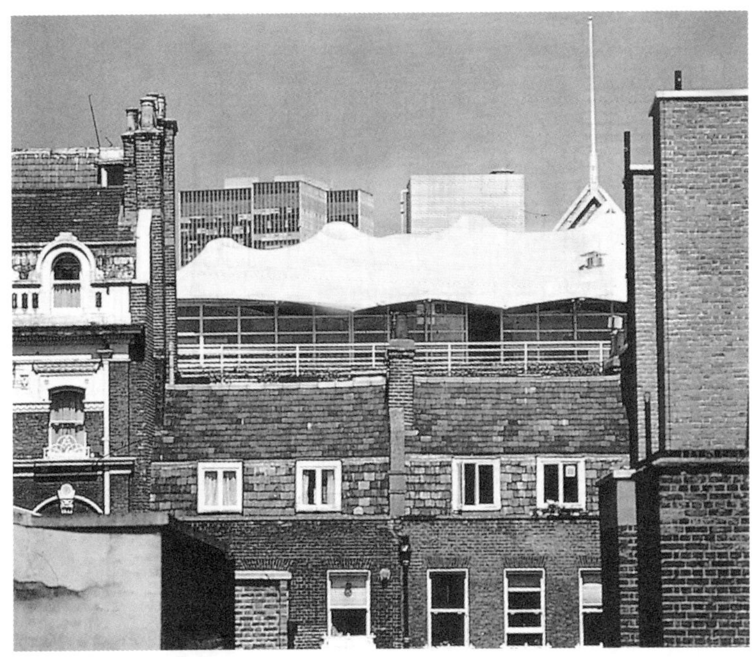

图10.9.3
在城市文脉中的屋顶景色

图10.9.4
外部阳台

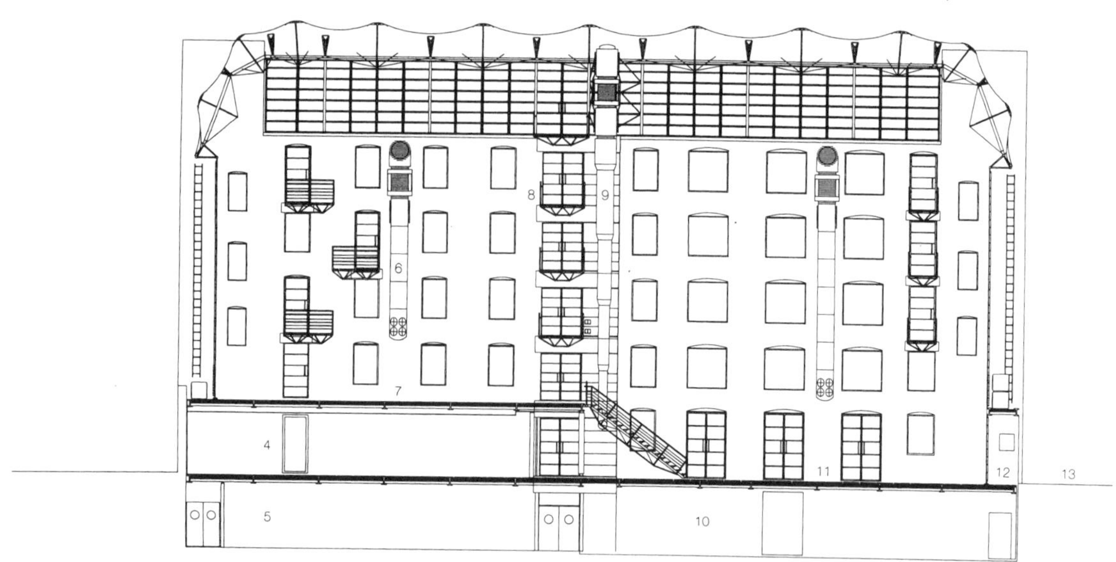

图 10.9.5
中厅的纵向剖面图

图 10.9.6
中厅的横向剖面图

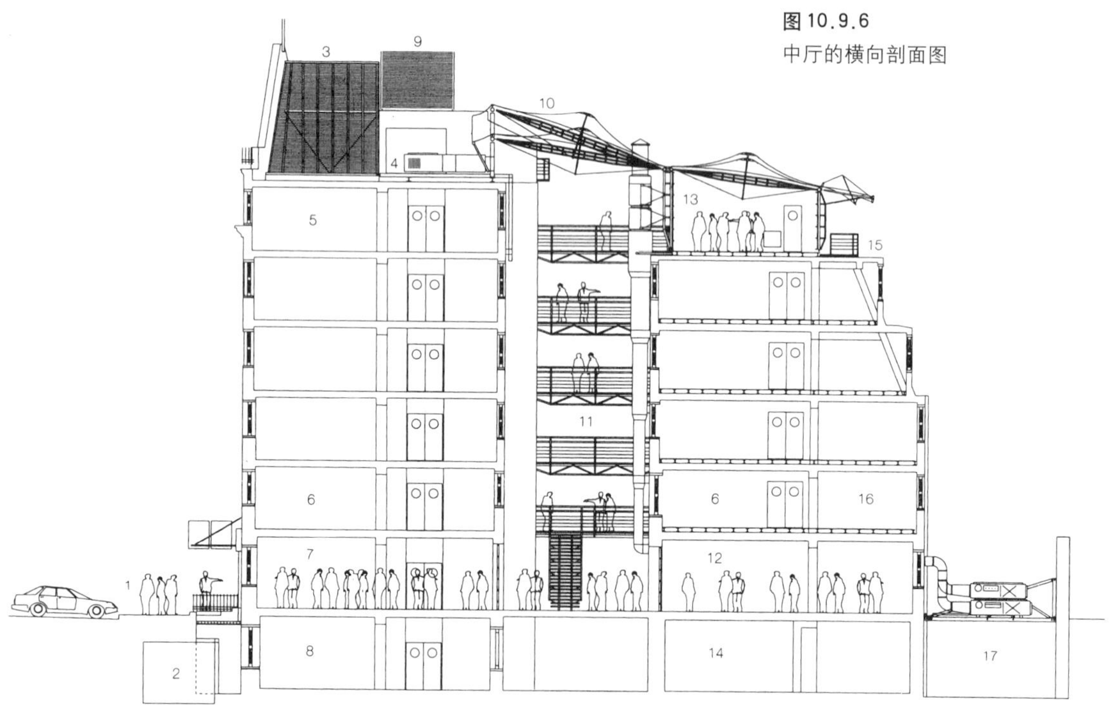

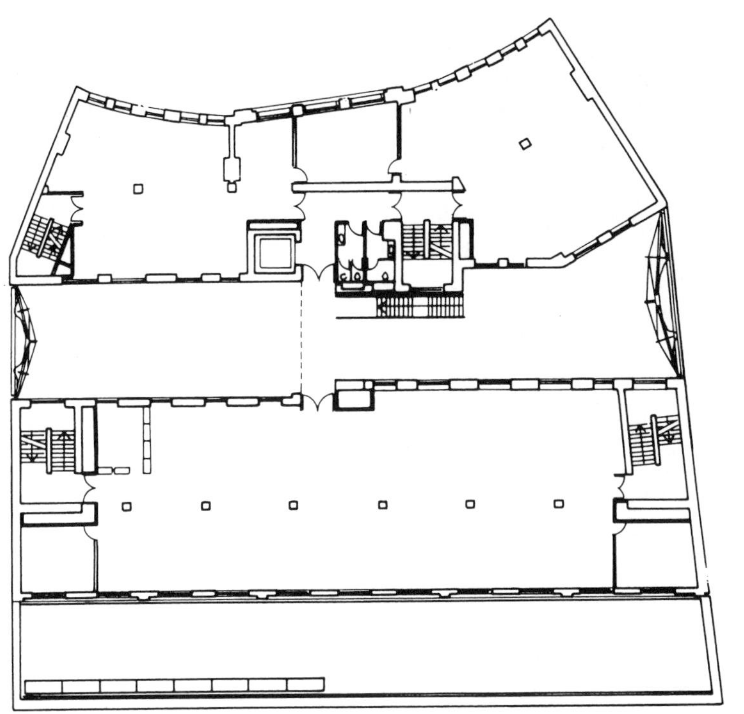

图 10.9.7
平面图

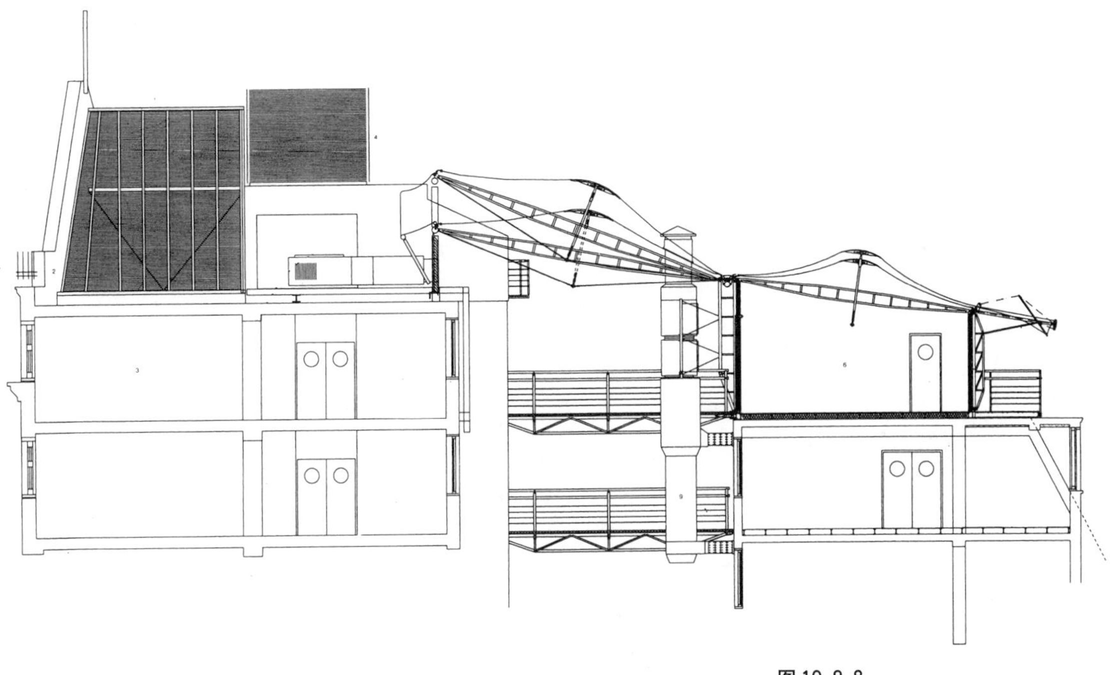

图 10.9.8
屋顶处的细部剖面图

图10.9.9
在伦敦斯塔福德郡大厦中，薄膜屋顶成为新建筑景象中不可缺少的一部分

图10.9.10
半透明薄膜屋顶的采用使得原来两建筑之间的一个阴暗、不受欢迎的空间变为一个醒目的中厅

图 10.9.11
长廊空间是由双层薄膜屋顶覆盖

图 10.9.12
屋顶景色

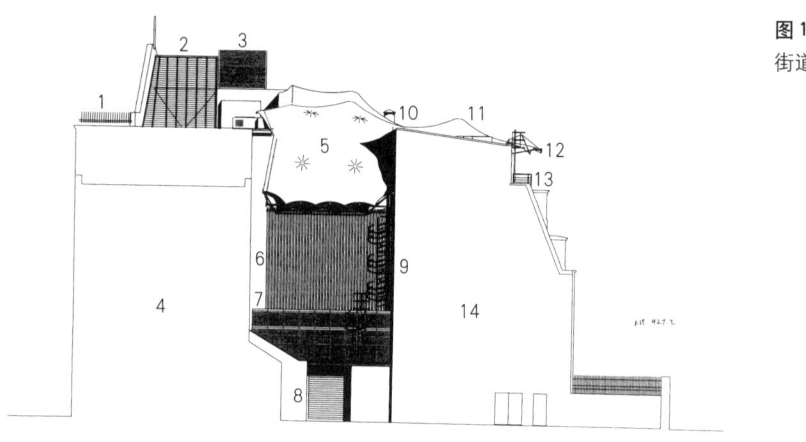

图 10.9.13
街道立面

图 10.9.14
棕榈树状掌式支承细部

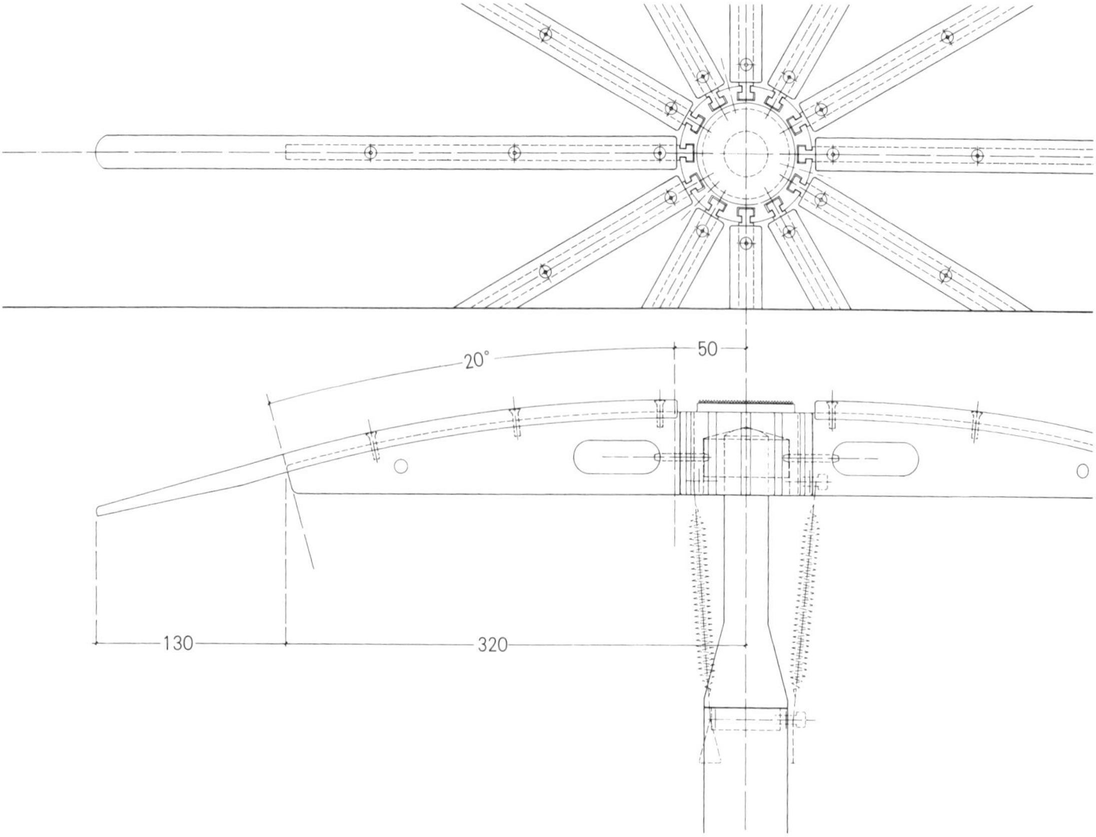

20°
50
130
320

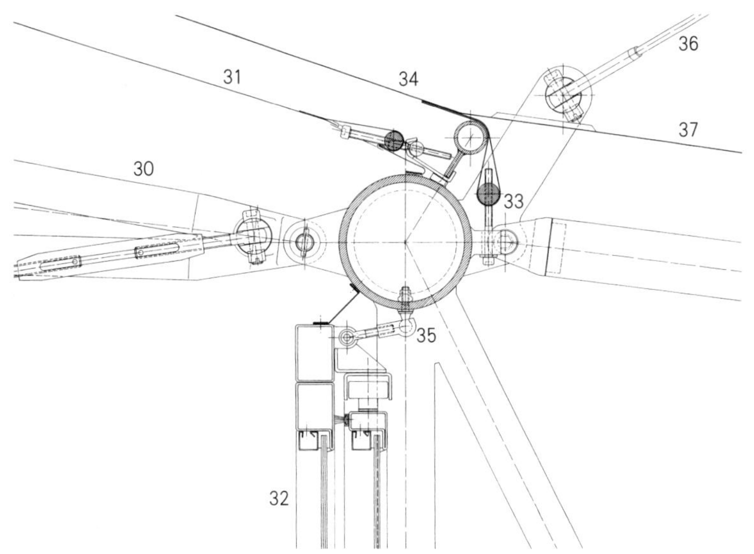

图 10.9.15
外部玻璃幕墙上的细部构造图

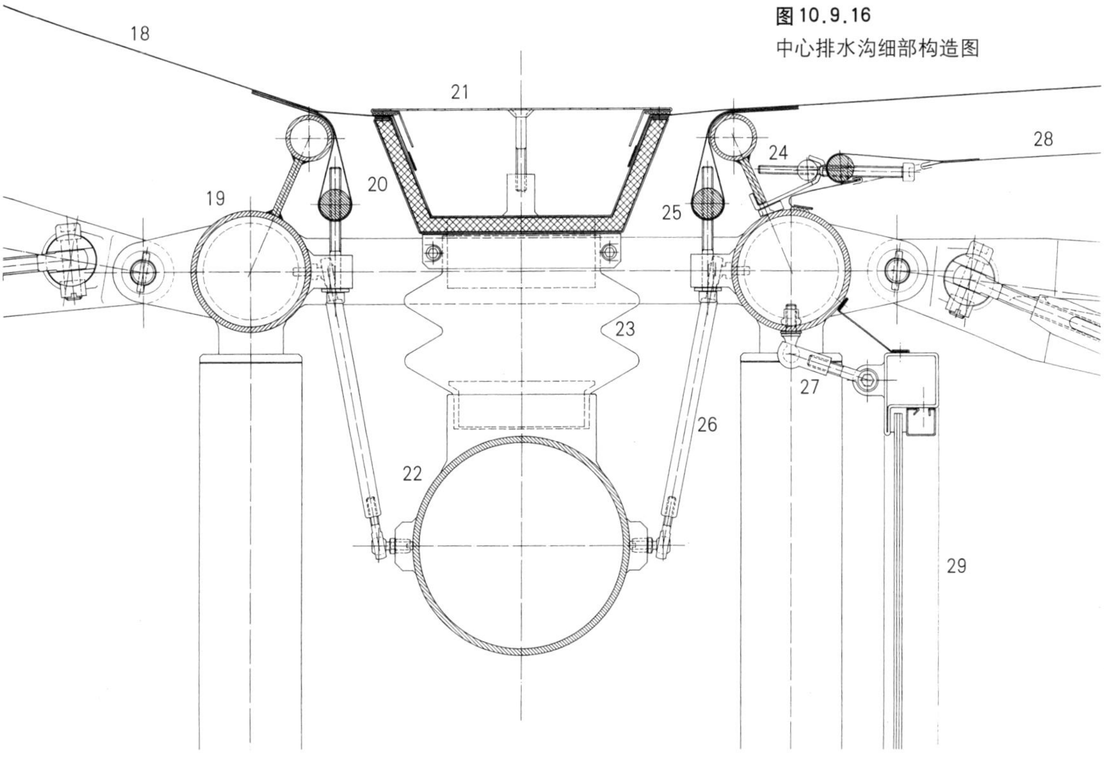

图 10.9.16
中心排水沟细部构造图

案例研究10

斯坦福码头，伦敦

地　点：英国，伦敦南岸
时　间：1991年9月完成设计
建筑师：Lifschutz Davidson
工程师：Buro Happold

在1905年至1908年间，斯坦福码头岸边的这个建筑最初是作为邮局的中心发电站而建的，1928年则转变为一个冷藏库，作为一个肉类产品的分发中心使用。

1991年，Coin Street Community Builders让建筑师Lifschutz Davidson结合它的内陆邻居Barge House大厦为多功能的开发做一个方案，重新使用这个仓库。业主将这个项目看作是一个机会，这就是在伦敦创建一个不常见的多功能建筑物的样板。这个建筑包括车间、专家工艺工作室、平台、一个餐厅、一个啤酒屋和一个博物馆，这些都位于老的砖石和混凝土结构中。

建筑师选择在两个建筑物之间建造一个空间用于综合活动区。在选择材料和结构形式之前，这个空间屋顶的预算就已经确定。由于资金的限制，只有采用最简单的像玻璃似的屋顶，即采用PVC涂层的聚酯覆盖一个较大的空间，这是最为经济的方法之一。所以，采用薄膜屋顶是由于它潜在的引人注目的特性和低成本。

建筑师选择了一系列的构件来覆盖下部空间，而不是采用单个连续的薄膜。在内部大厅中采用可移动的钢桥和楼梯间，其目的是用它们支承屏幕、道具或者照明设备，从而使得在玻璃和薄膜屋顶下面能够举行戏剧或音乐表演。

购物中心屋顶

张拉屋顶是由5个锥形构件组成，每个是18m长、12m宽，沿购物中心的长向布置。通过用来突出屋顶构件扇形边界的玻璃填充板，单个薄膜构件与周围的建筑物分开，并且它们本身也是相互分开的。这些薄膜扇形边界采用膜条与玻璃板封闭，它沿着玻璃的曲面布置。采用分开构件的好处之一就是当发生损坏时，每一构件可以分别被替换而不影响整体结构。屋顶的设计受到发生火情时对排烟要求

图 10.10.1
模型

的重大影响。由于建筑物的形状和盛行风的状况，机械通风被认为是必须的。在每一个锥形屋顶的顶部，一个透明的钢环包含两个排风扇，每一个直径为2m。在夏天，这些排风扇还能够增加下部空间的通风来帮助降低室内的温度。每一个排风扇由具有铰链的透明盖子覆盖。当需要自然通风和排风扇运行时，这个盖子就会被打开。并不打算让这个空间被完全加热，但是局部的地下加热可以用于加热室外活动区域。在发生火情时，为了保证薄膜结构在高温状态下的整体性，薄膜的连接同时采用了缝合连接和焊接连接。因为薄膜屋顶是用于覆盖一个公共的购物中心和一个主要的逃生路线，这个项目要求进行深入的设计，并且需要与地方官员相协商。Lifschutz Davidson 建筑师事务所很幸运地遇到了一个能够支持他们追求创新设计的业主。

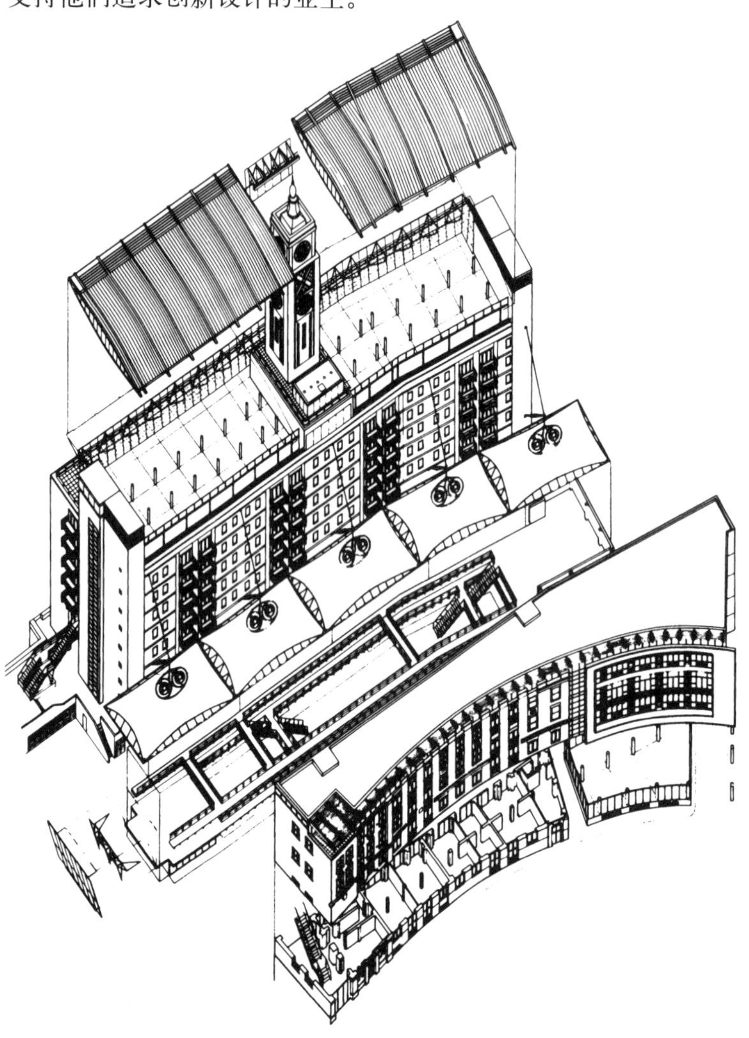

图 10.10.2
轴测图

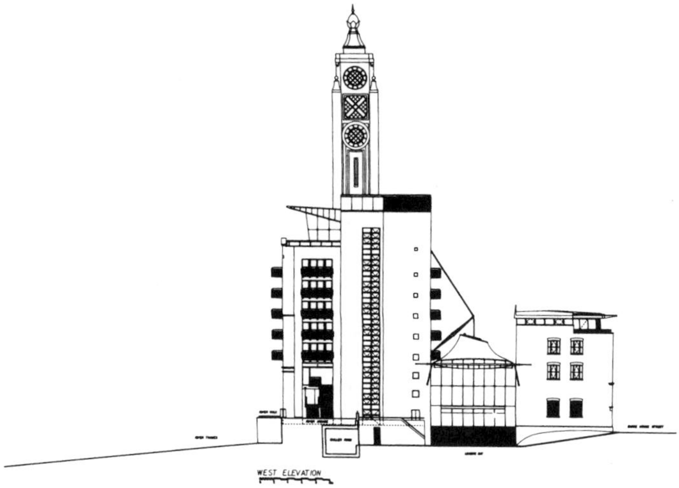

WEST ELEVATION

图10.10.3
端部立面图

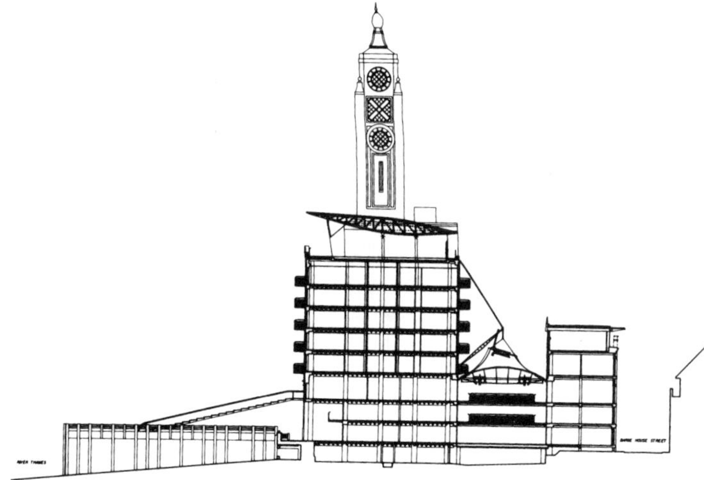

图10.10.4
建筑和购物中心剖面图

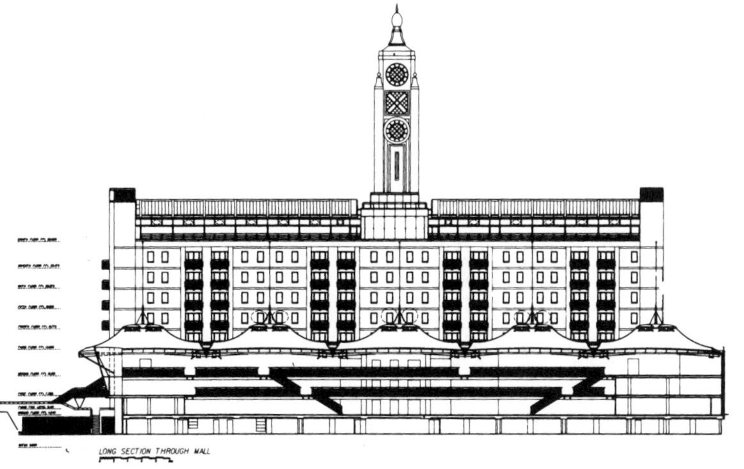

图10.10.5
购物中心纵向剖面图

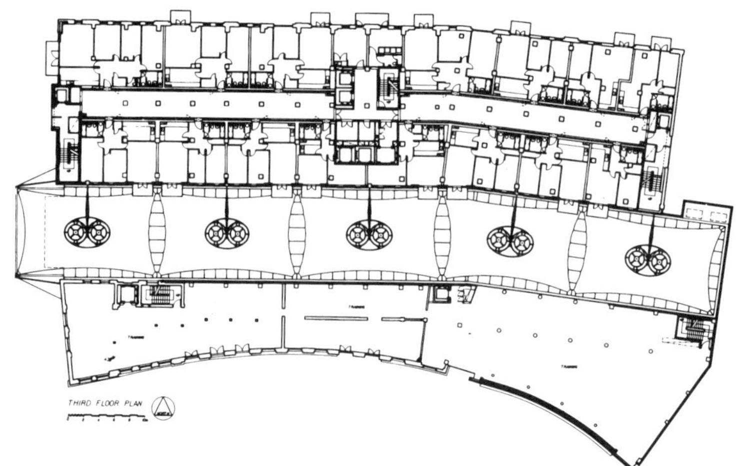

图 10.10.6
购物中心屋顶平面图

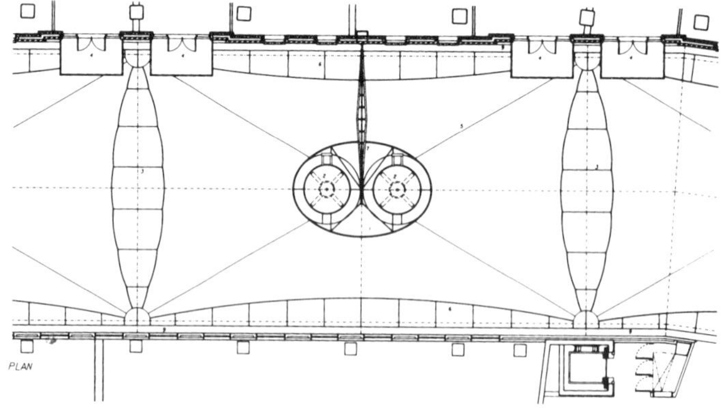

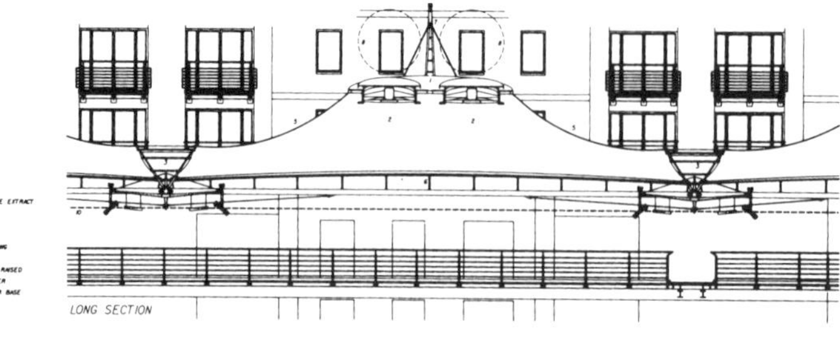

图 10.10.7
屋顶细部平面图和屋顶模数剖面图

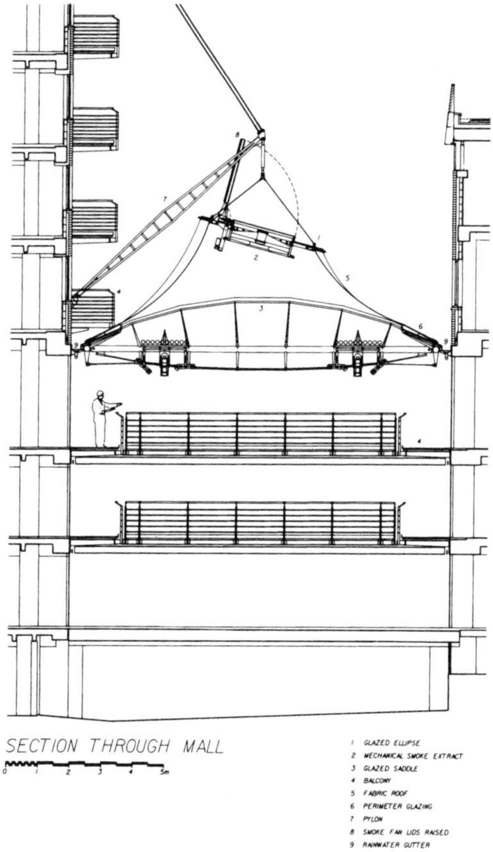
SECTION THROUGH MALL
0 1 2 3 4 5m
1 GLAZED ELLIPSE
2 MECHANICAL SMOKE EXTRACT
3 GLAZED SADDLE
4 BALCONY
5 FABRIC ROOF
6 PERIMETER GLAZING
7 PYLON
8 SMOKE FAN LIDS RAISED
9 RAINWATER GUTTER

图 10.10.8
屋顶和钢桥剖面图

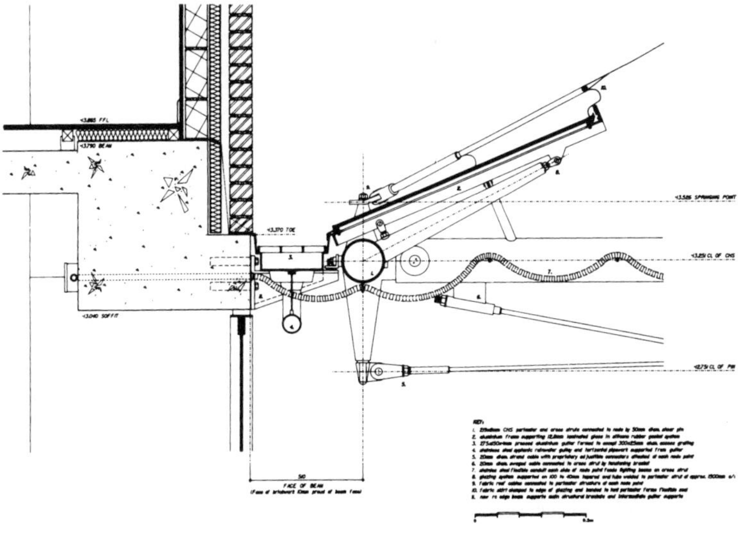
SPRINGING POINT
FACE OF BEAM

图 10.10.9
屋顶边界细部图

案例研究 11

乔克农场设计室，伦敦

地　点：英国，伦敦乔克农场路
时　间：1991年6月
建筑师：罗恩·阿拉德（Ron Arad）和艾利森·布鲁克斯（Alison Brooks）
工程师：阿特利尔·温

虽然在设计轻型薄膜结构时，其结构的形成和应力计算都采用最新的计算机技术，并且常常采用20世纪的材料，例如高强钢和PTFE膜材，但是最后建成的建筑并非都属于高科技领域。

在One Off的工作室和长廊的设计中，罗恩·阿拉德和艾利森·布鲁克斯设计了一个独特的方案，其主要目的是显示其雕刻和富有含义的特性，采用了一个轻型薄膜屋顶与一个扩充的金属壳相连接。采用薄膜屋顶来封闭坐落于伦敦卡姆登镇，一个破碎的爱德华七世时期仓库的遗迹，这个特别的方法几乎与彼得·库克和罗恩·赫伦在20世纪70年代《阿基格拉姆》杂志上用魔法形成变形城市的设想完全相同。

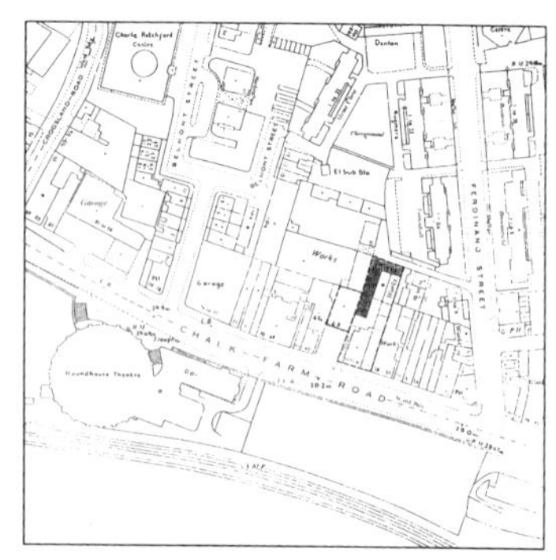

图 10.11.2
场地平面图

这个建筑开始用于乔克农场的牛奶场（后来用于一个钢琴车间和一个雇用廉价劳工的服装加工厂），当罗恩·阿拉德1991年接手时，它正处于衰落的状态。二层仓库上面涂有沥青的木头屋顶需要修理，最初考虑采用曲面金属屋顶，然而阿拉德和布鲁克斯希望这个屋顶给人以轻柔的感觉，具有棉被状的外表。他们与阿特利尔·温的咨询工程师尼尔·托梅斯（Neil Thomes）和雷吉·艾伦（Reg Allen）合作的结果是在长廊、工作室和车间上面修建PVC屋顶和扩充的金属屋面。

图 10.11.3
薄膜屋顶

屋顶结构

屋顶结构在受压处独一无二地采用了Expamet焊接网格，从而形成了一个扩充的金属外壳。由于对覆盖的屋顶有半透明、质量轻（以便不会对已有的砌体结构增加过多的荷载）和施工速度快的要求，所以采用了张拉薄膜结构和金属结构。在伦敦城市大学做了荷载测试，以确定网格的曲屈承载力，并且保证它能够达到工程师的要求。焊接网格在一对曲线角钢之间是受压的，曲线角钢呈拱状

图 10.11.1
上部工作室内景

固定在原有的砌体墙上，它们跨越在7根类似书法的“钢柱”之上，这7根柱子采用钢模板的方法分别从6mm厚的软钢上剪切而成。这个双曲面的封闭薄膜屋顶使内部空间能够防风雨、防日晒，并且有助于结构稳定。这些柱子坐落在工作室外墙长度方向的混凝土边梁的钢板上。封闭的单元泡沫用于封闭焊接网格和屋顶高度处薄膜之间的缝隙。永久固定的2mm厚透明PVC板被填充在屋顶与窗户之间的缝隙中。窗户本身是无框的，是由从卷材上切下的8mm厚的柔性的、透明的PVC板做成，并且通过Velcro薄板固定。

将屋顶下的空间归类于半外部，设计师就避免了怎样使薄膜屋顶绝缘的问题。因为设计师本身就是建筑物的最终使用者，因此在施工过程中，一定程度的现场发挥和设计变更是可行的，因为设计的实验特性是必要的。

参考文献

Designers Journal (1991) Metalmorphosis, September

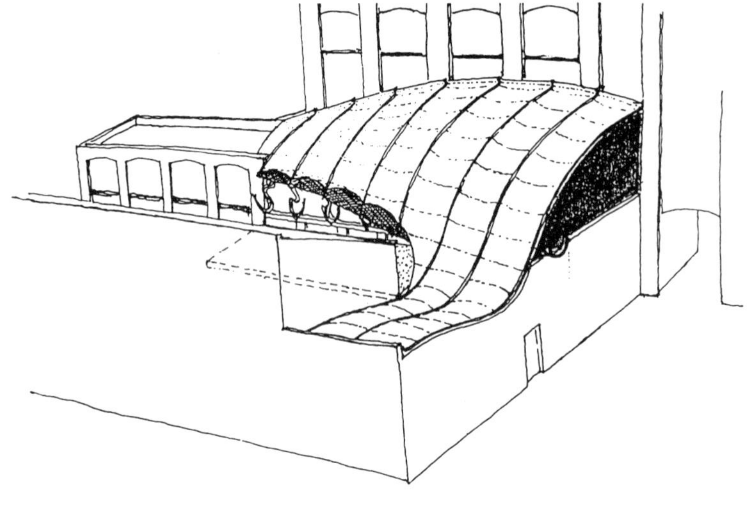

图10.11.4
草图

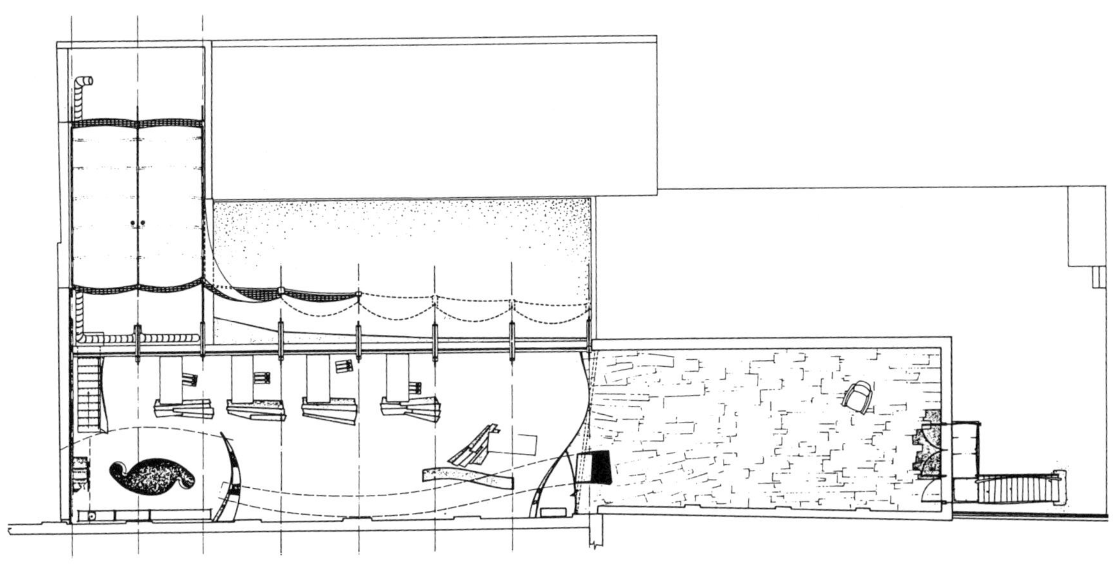

图 10.11.5
工作室平面图

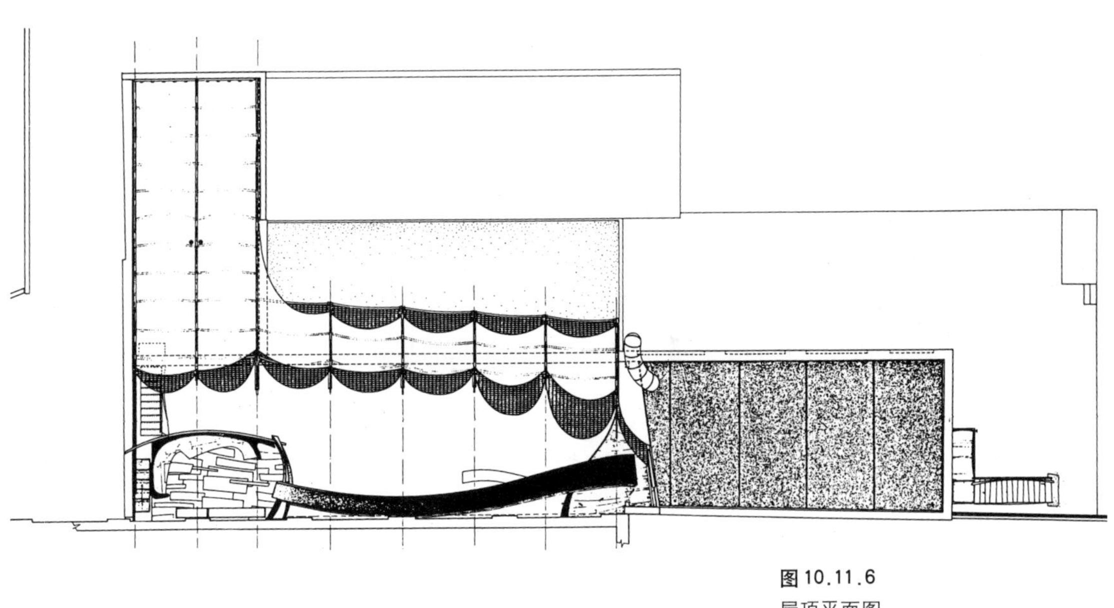

图 10.11.6
屋顶平面图

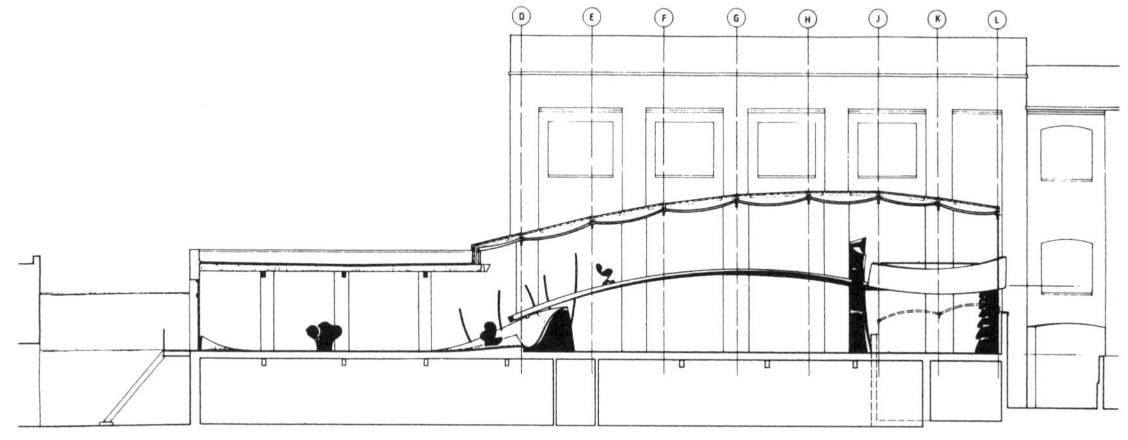

图10.11.7
上部工作室剖面图

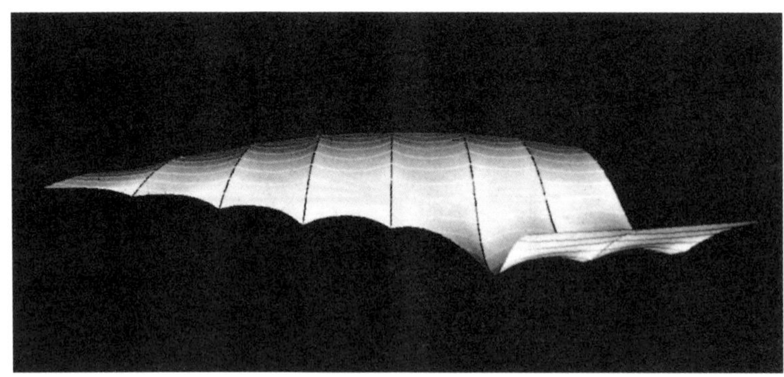

图10.11.8
计算机生成的图形

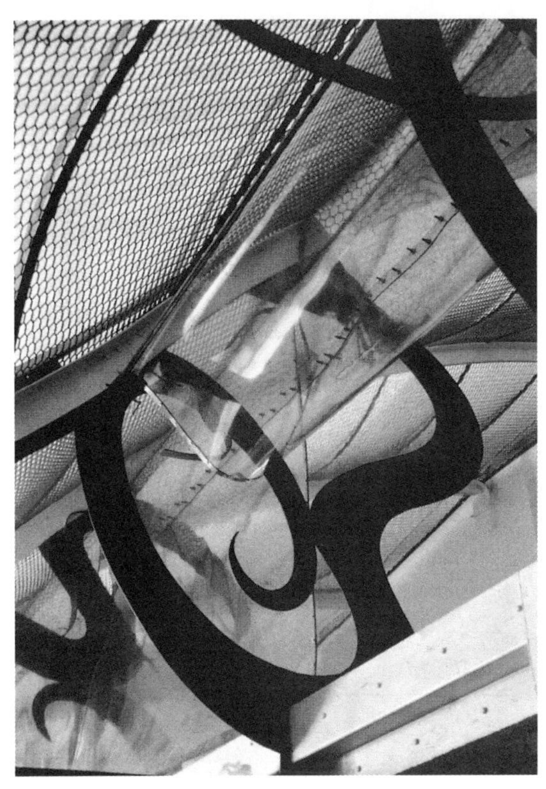

图 10.11.9
窗户的近景

图 10.11.10
通过工作间和长廊的细部剖面图

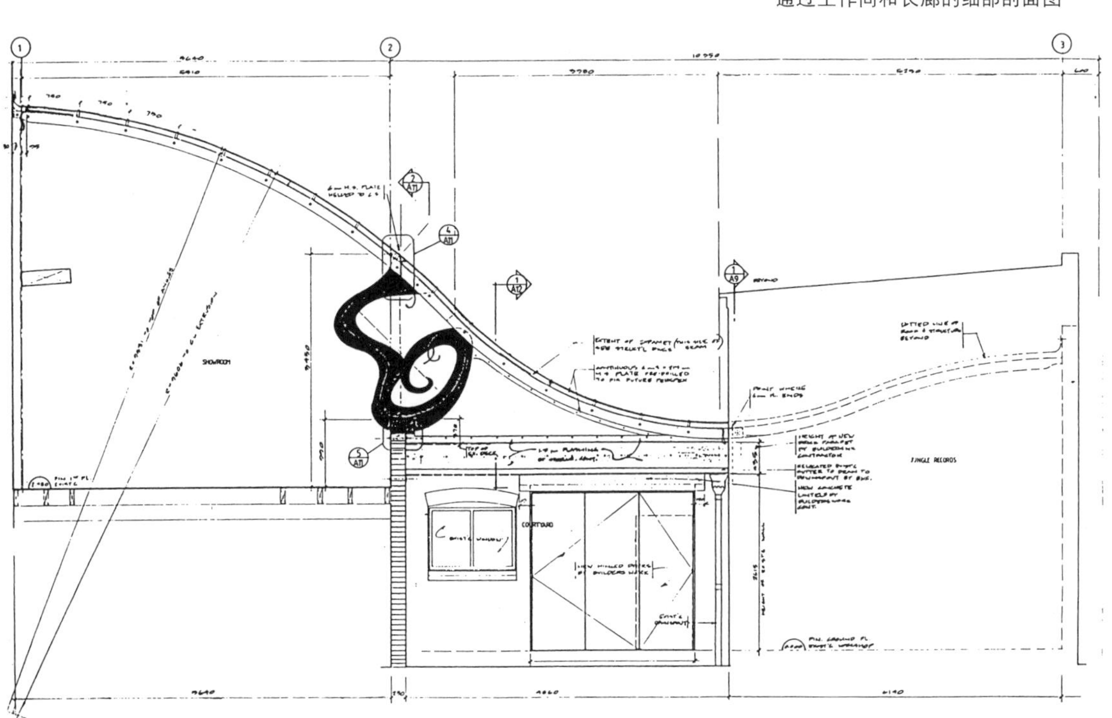

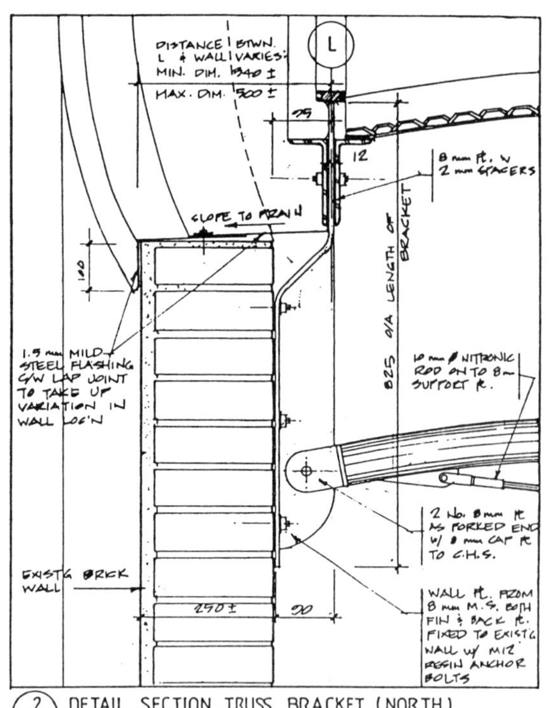

2/A12 DETAIL SECTION TRUSS BRACKET (NORTH)

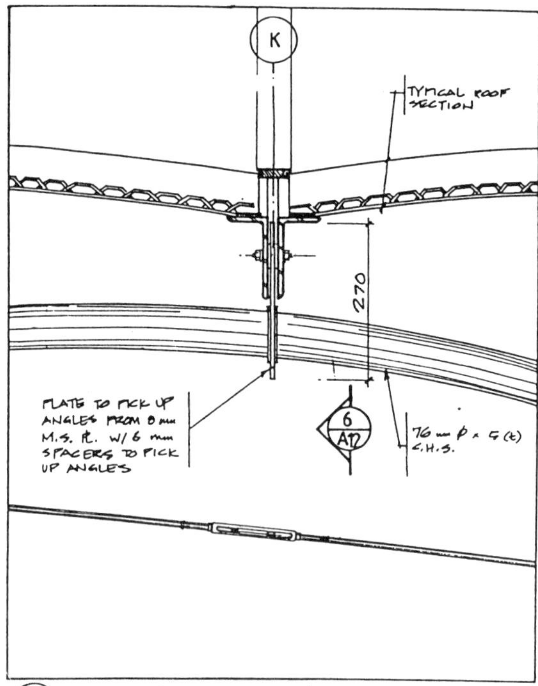

3/A12 DETAIL SECTION AT CENTER OF TRUSS

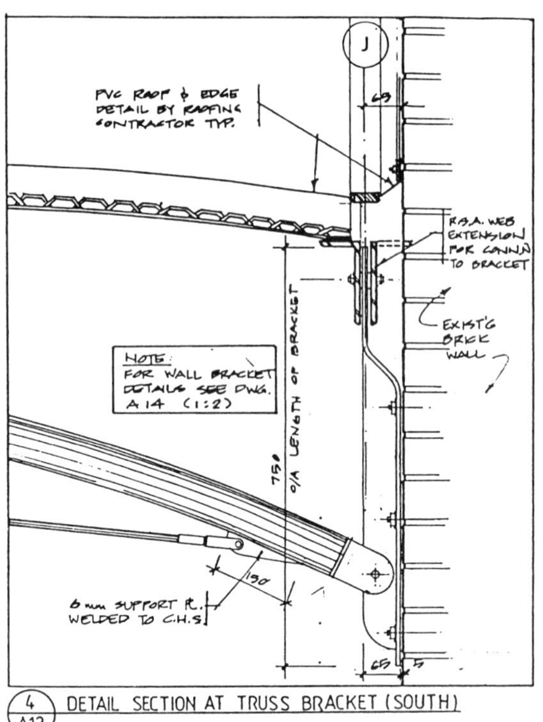

4/A12 DETAIL SECTION AT TRUSS BRACKET (SOUTH)

图 10.11.11

施工详图

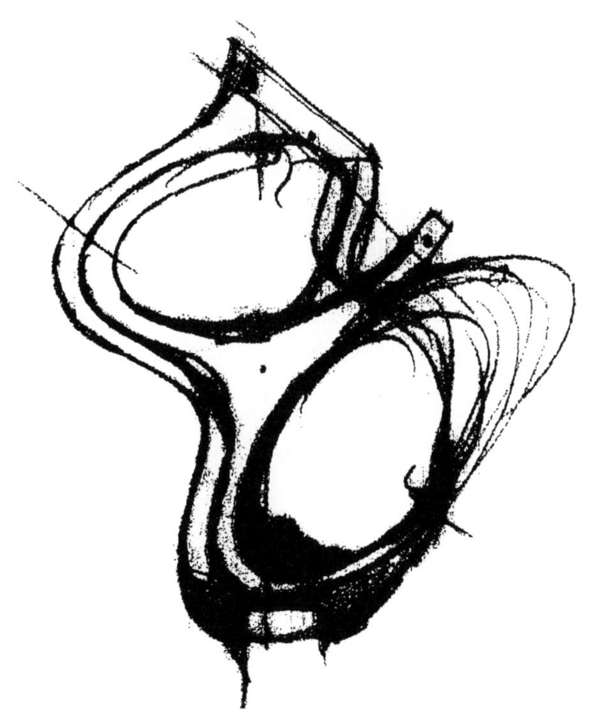

图10.11.12
立柱草图

案例研究 12

国际事务中心，兰戈伦

地　点：威尔士，兰戈伦
时　间：1992 年
建筑师：D.Y.Davies Associate
工程师：阿特利尔·温

北威尔士的兰戈伦国际音乐会（Llangomen International Eisteddfod）每年会把全世界的音乐家、歌唱家和舞蹈家聚在一起。这是一个传统的节日，自 1947 年举办第一届音乐会以来，其规模和名望不断壮大。1991年，用于重要表演的临时帐篷最后一次收了起来，并且建造一个用于音乐会的永久性建筑物的工作已经开始。新的场馆于 1992 年完工，正好赶上第 46 届音乐会。

该建筑物的主空间采用了多种多样的薄膜屋顶，在砌体结构的两翼是要求细分的空间。它能够满足每年音乐会大量人员出席的要求，并且在一年中余下的时间里能够满足地方社团的需求，每一个主要表演空间上面是一种不同类型的薄膜屋顶，而传统的结构用于排练室、更衣室、会议室、卫生间、设备室和招待设施。

后台的空间被分为两个部分，分别位于薄膜覆盖空间的两侧，这两部分采用的是混凝土框架结构，采用光滑平面砖墙和天然的威尔士石板屋顶。在兰戈伦，建筑师的一个意图就是希望这个建筑给人一种永久的感觉，这通常和薄膜建筑不太相关。因此，在周围景观中设计了一些砖石结构，并帮助建筑物固定其位置。

从前部入口的雨篷和主表演空间的屋顶到墙体和后部临时扩展空间的顶棚，各种结构形状的广泛应用使得兰戈伦镇有了一个大型的、灵活的、多功能的设施。这样比采用常规结构经济得多，并且使得这个建筑物舒适地坐落于半田园的环境中。

薄膜覆盖空间

在建筑的中心带是一个 23m × 16m 的多功能大厅，这是一个完全封闭的、热闹的空间，应用于公众日常使用。它是由 3 层薄膜覆盖，外层是PVC涂层的多元酯薄膜，中间是玻璃纤维薄膜层，内层采用的是硅酮涂层玻璃棉薄膜。屋顶由一个钢框架结构支承着，

图 10.12.1
拱形支承的薄膜屋顶从砌体墙上升起

这个框架是由两个纵向的主拱桁架和五个横向的次拱形桁架组成。在大厅内部只可以看到横向桁架的底部杆件。最内层的薄膜跨越在这些杆件之间并形成了多功能大厅的顶棚。

紧邻中心大厅的是有 2000 个座位的永久性活动区域，用于各种运动和文化活动。其屋顶采用的是单层PVC涂层的聚酯薄膜，它悬挂在一个 23m 高、60m 长的钢弦拱下。通过连接于主顶棚外边的铝和 PVC 薄膜结构，其主空间的容量可以增加到 5000 个座位。这些外边的临时结构是由连接于主结构钢屋檐上的半门式铝构架形成。在每一个铝构架之间覆以单层 PVC 薄膜，从而形成墙体和顶棚，并根据入口的要求设有圆形开口。用于临时性结构的 PVC 膜材比用于主要场所的透光性好，从而使大量的太阳光射入，使得在延伸屋顶下面的草能继续生长。

参考文献

Macneil, J.(1992), Concert pitch, *Building,* 28 February

Spring, M.(1922), To all in tents, *Building,* 10 July

图10.12.2
场地平面图

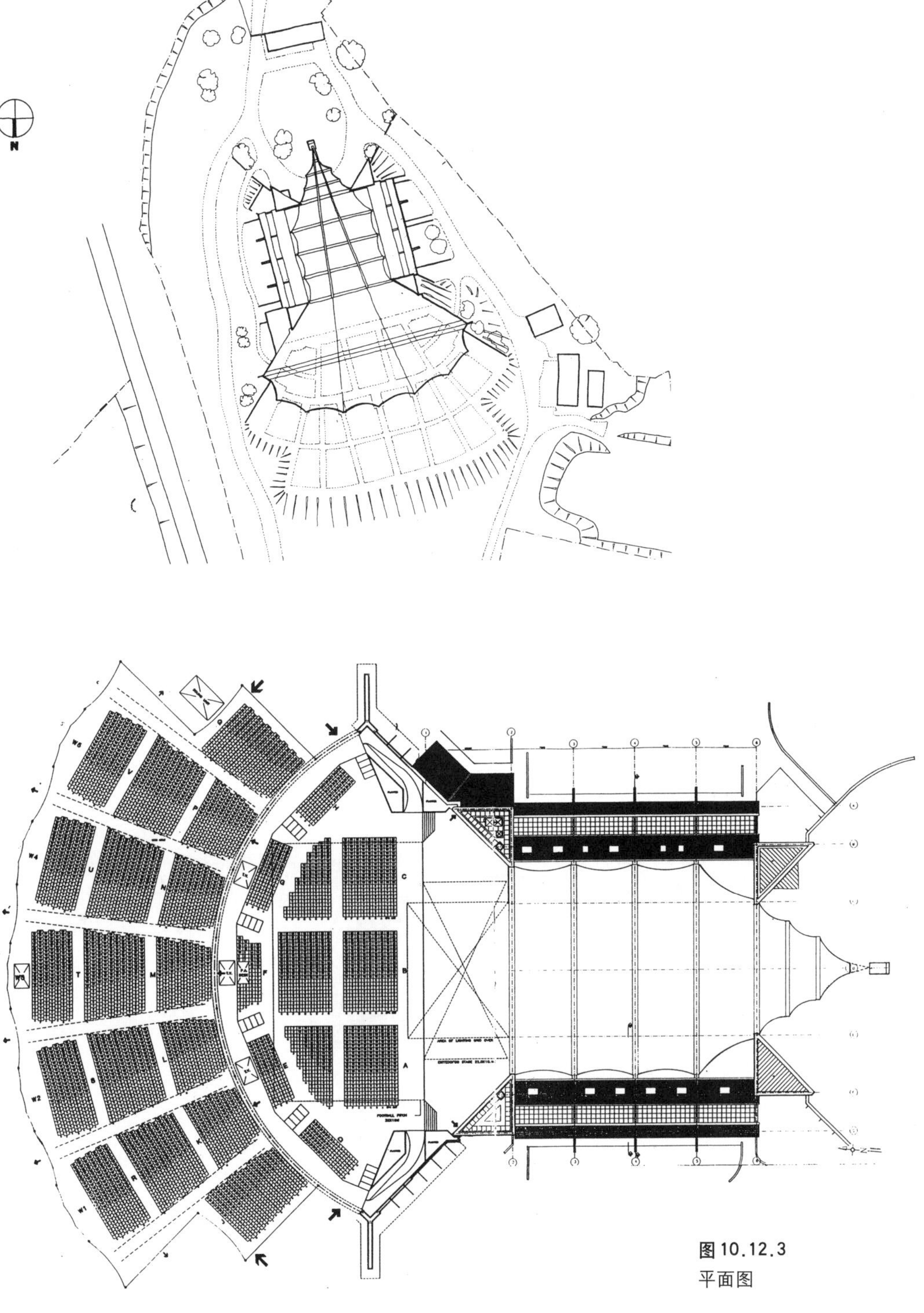

图10.12.3
平面图

图 10.12.4
伸出的薄膜屋顶形成了一个引人注目的入口

图 10.12.5
各种形状的薄膜结构的广泛采用使得兰戈伦镇有了一大型的、灵活的、多功能设施，并且比采用常规结构的成本要低

图 10.12.6
内层薄膜形成中厅的顶棚

图 10.12.7
附加的空间由临时的扩展结构围起

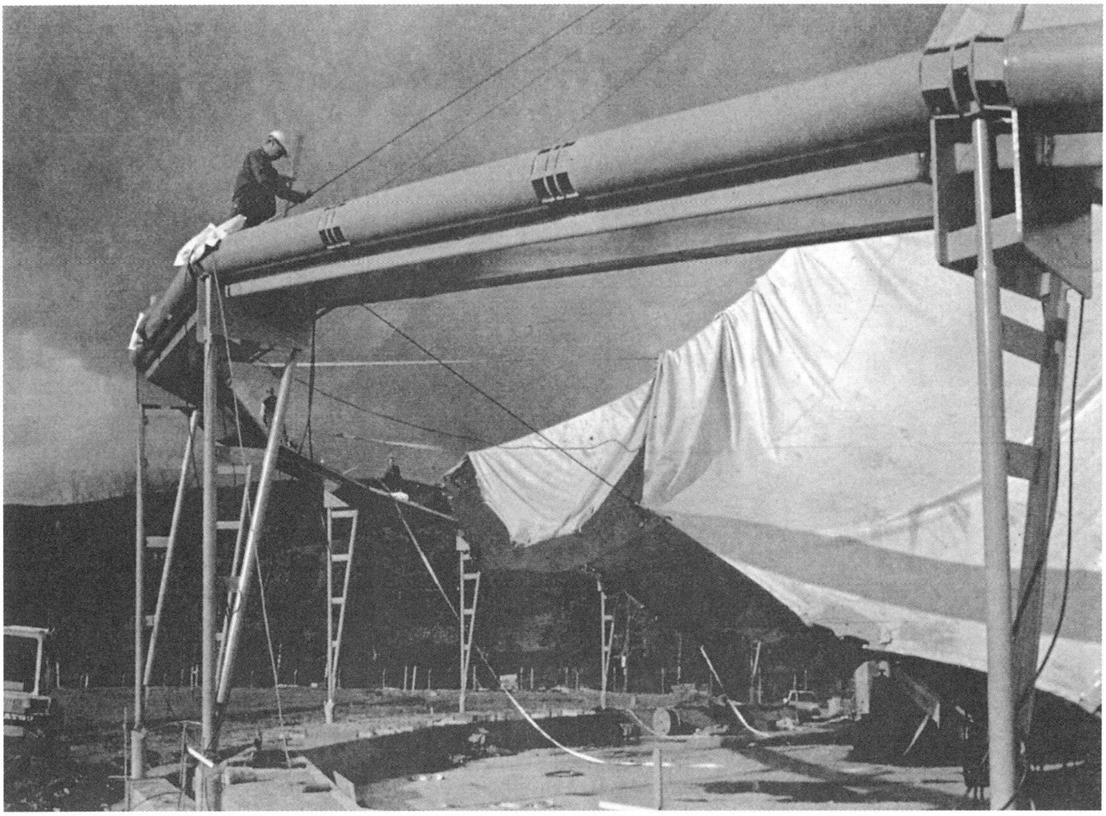

图 10.12.8
施工中的屋顶

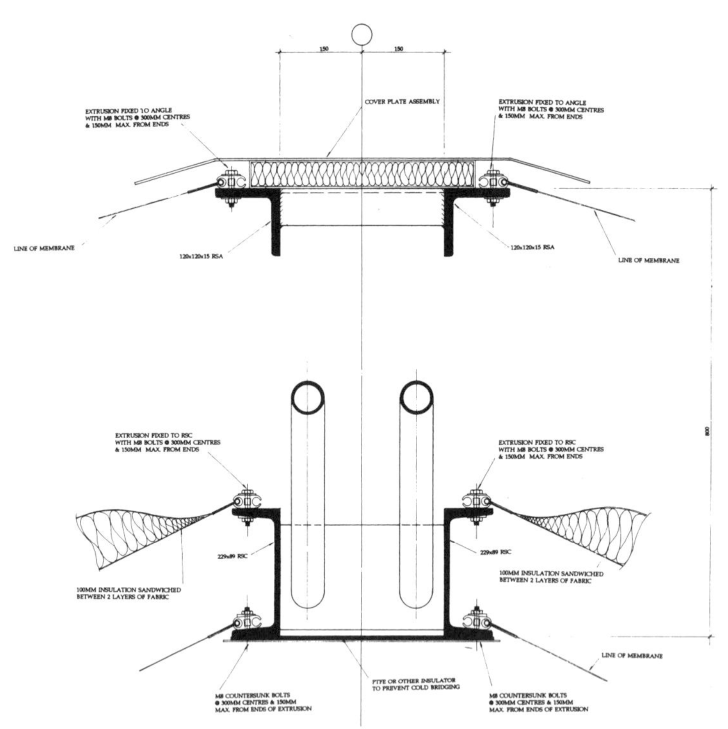

图 10.12.9

通过中厅桁架的细部剖面图

图 10.12.10

中厅桁架与薄膜连接的细部剖面图

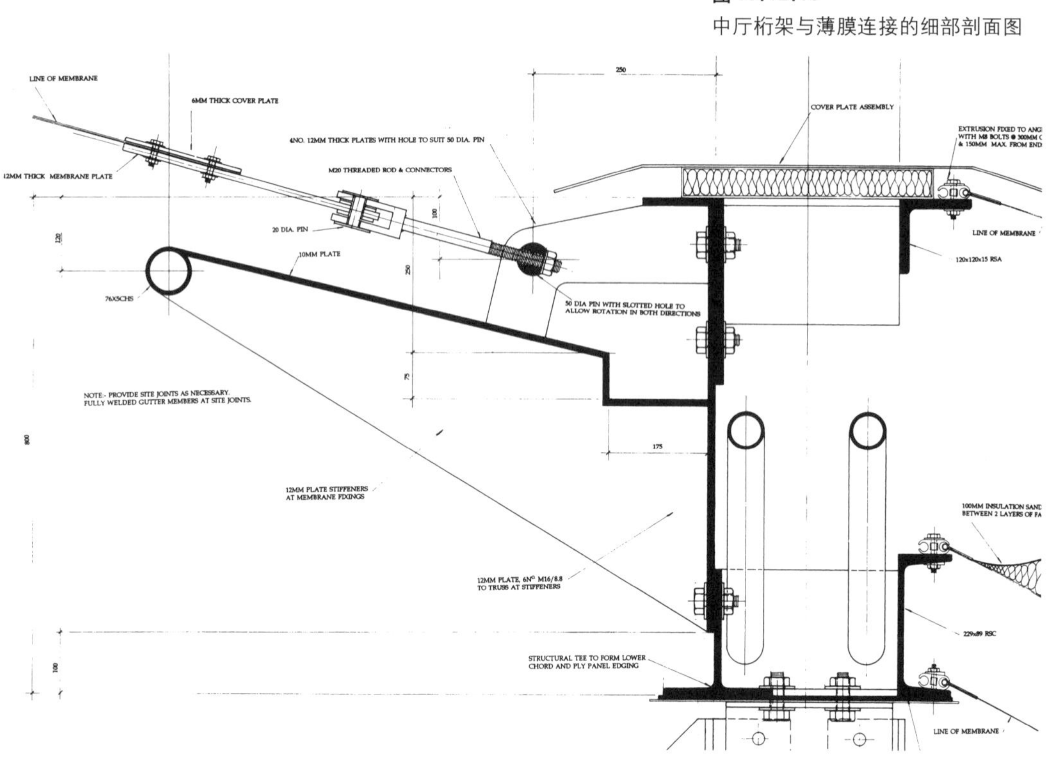

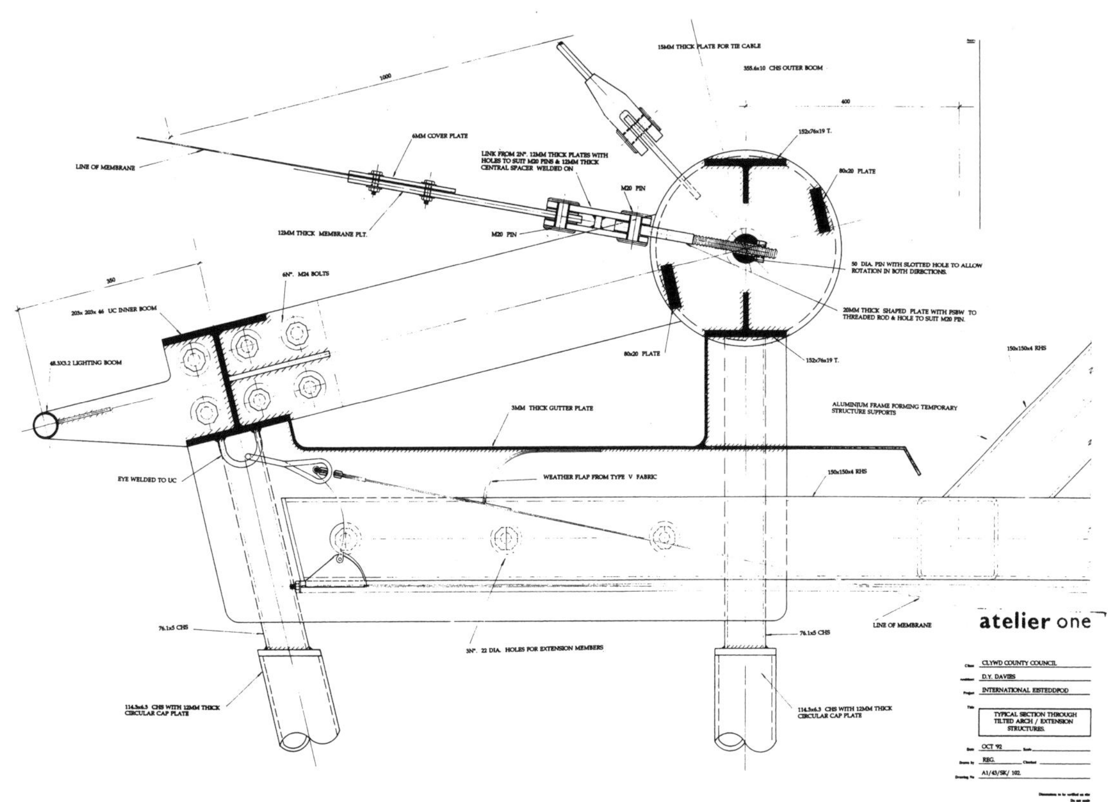

图 10.12.11

通过上心拱的细部剖面图

案例研究 13

哈姆雷特，东京

地　点：日本，东京
时　间：1989 年
建筑师：山本理显和 Field Shop
工程师：Siglo 工程师协会

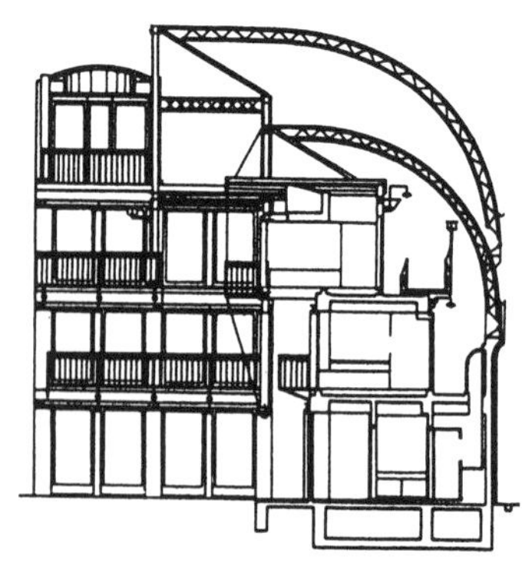

图 10.13.2
剖面图

在东京Sendagaya，越来越密集的、高低混合的建筑群中，有一个称为哈姆雷特的公寓式建筑物，是由日本建筑师山本理显(Riken Yamamoto)设计的。这个建筑物用于两种不同的情况，一个是用于四个不同家庭的多个单元，另一个是用于三代家庭的大单元。四个家庭共用一个平台和公共活动空间，各种不同的单元在一个大的半透明薄膜下面组合在一起。曲面顶棚覆盖在开敞式钢框架上，建筑物具有一定的尺度并成为一个统一的单元，使该建筑物具有明显的特点，以与紧邻的建筑物相区别。

哈姆雷特的结构是采用现场钢筋混凝土墙和混凝土框架相结合，支撑一个开敞式的钢框架，钢框架的构件随着建筑的升高而变得越轻。跨越在建筑物北边的曲线网格梁形成了一个开敞式的框架结构，用于覆盖两个主要区域的特氟隆薄膜是张拉在这个钢框架结构上面。在薄膜上有圆形开孔，能够看到天空，并且当太阳光照射时，平台上就会形成阴影。在钢框架结构上，沿一定的倾斜角度悬挂的精细网状物形成了三个锥形天棚，从而为外部平台提供了阴凉处和私密性，并进一步展示了轻质构件的特点。

参考文献

Japan Architect (1989), Hamlet, January

图 10.13.1
从院中看的夜景

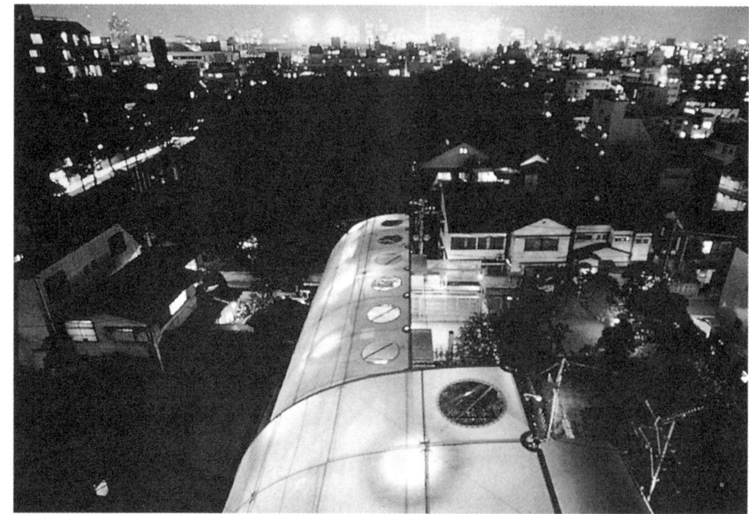

图10.13.3
东京上空的夜景

图10.13.4
在密集城市环境中的这个建筑

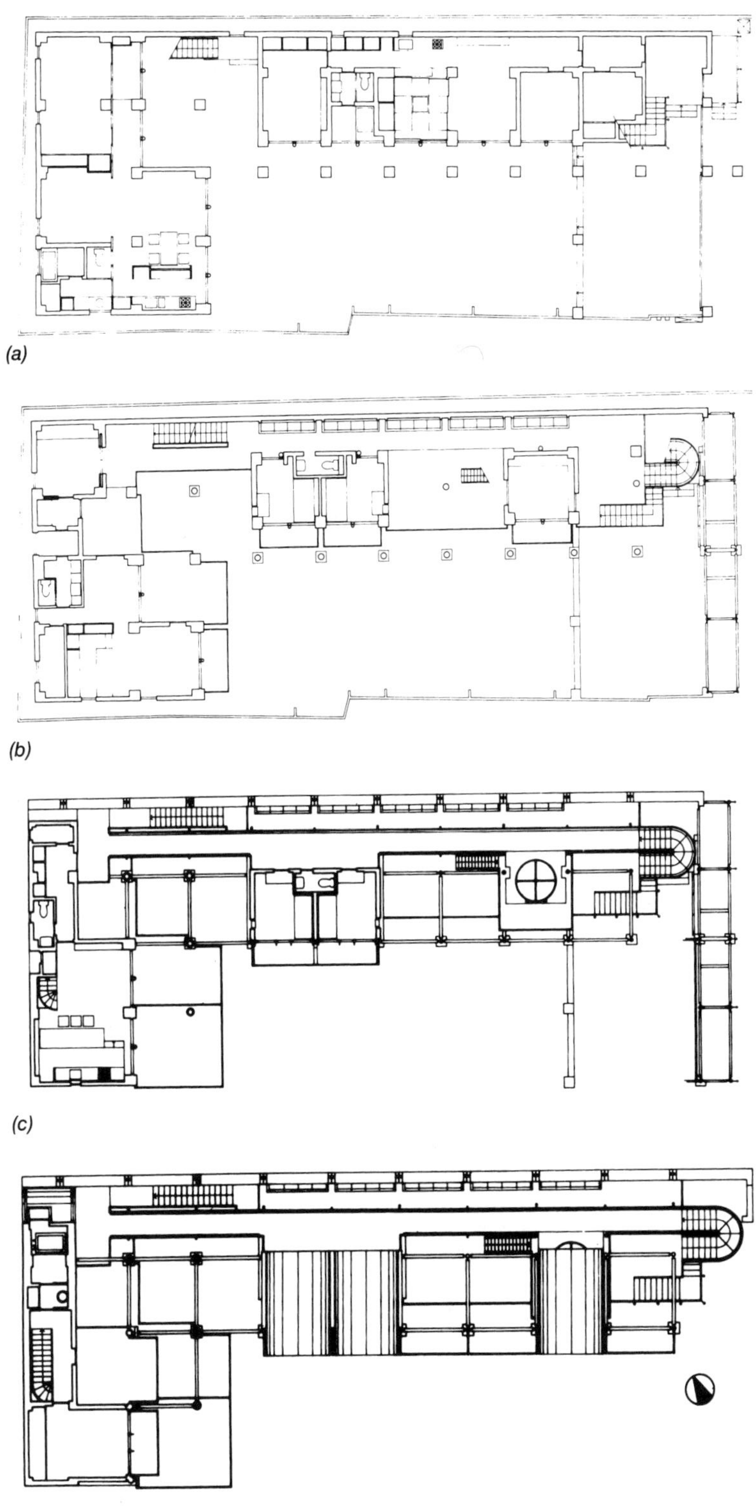

图10.13.5
(a) 底层平面图
(b) 一层平面图
(c) 二层平面图
(d) 屋顶平台平面图

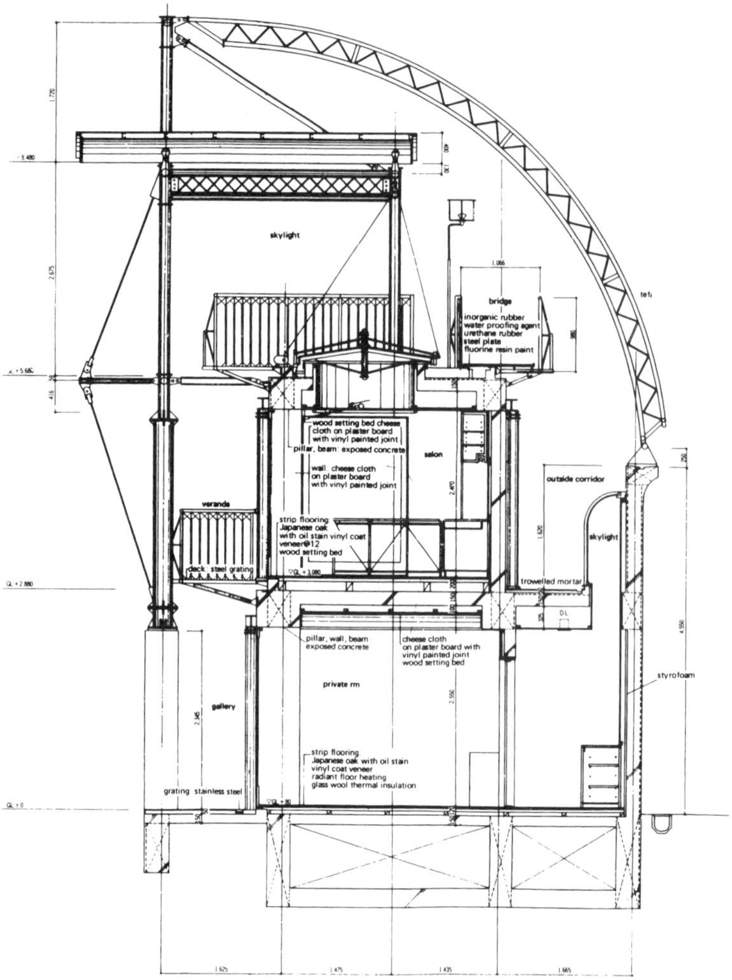

图 10.13.6
剖面详图

图 10.13.7
纵向剖面图

图 10.13.8
上部长廊景色

案例研究 14

公共汽车等待区，大门镇

地　点：　日本，大门镇
时　间：　1992 年
建筑师：　Herron Associates
制作者：　Taiyo Kogyo 公司

日本大门镇因为每年的风筝节而闻名，在那里，制作并放飞了许多工艺复杂的风筝。通过采用薄膜屋顶来覆盖两个已有建筑物之间的缝隙，建筑师创造了一个封闭的空间。这个灵感来源于风筝节，并展现了这个节日的特点。该建筑物主要用于公共设施并给等候公共汽车的人提供一个封闭的空间，以增加其舒适性，并且同时也是一个学校的入口通道。

设计采用了支承在两侧光滑混凝土侧墙上的有光泽的粉色PVC薄膜屋顶，连接于侧面墙上的钢索支承着四个可调节的飞杆，薄膜就是由这四个飞杆支承并张拉的。在两个侧墙形成的狭长空间里，男女厕所位于一个独立的小亭子中，人们可以坐在一个混凝土长凳和一系列的独立钢“狩猎棍”(Shooting sticks) 上。

不平常的形状和醒目的薄膜彩色相结的屋顶将营造一个引人注目的城市元素，并为大门镇的居民在等候公共汽车的时候提供某些沉思。

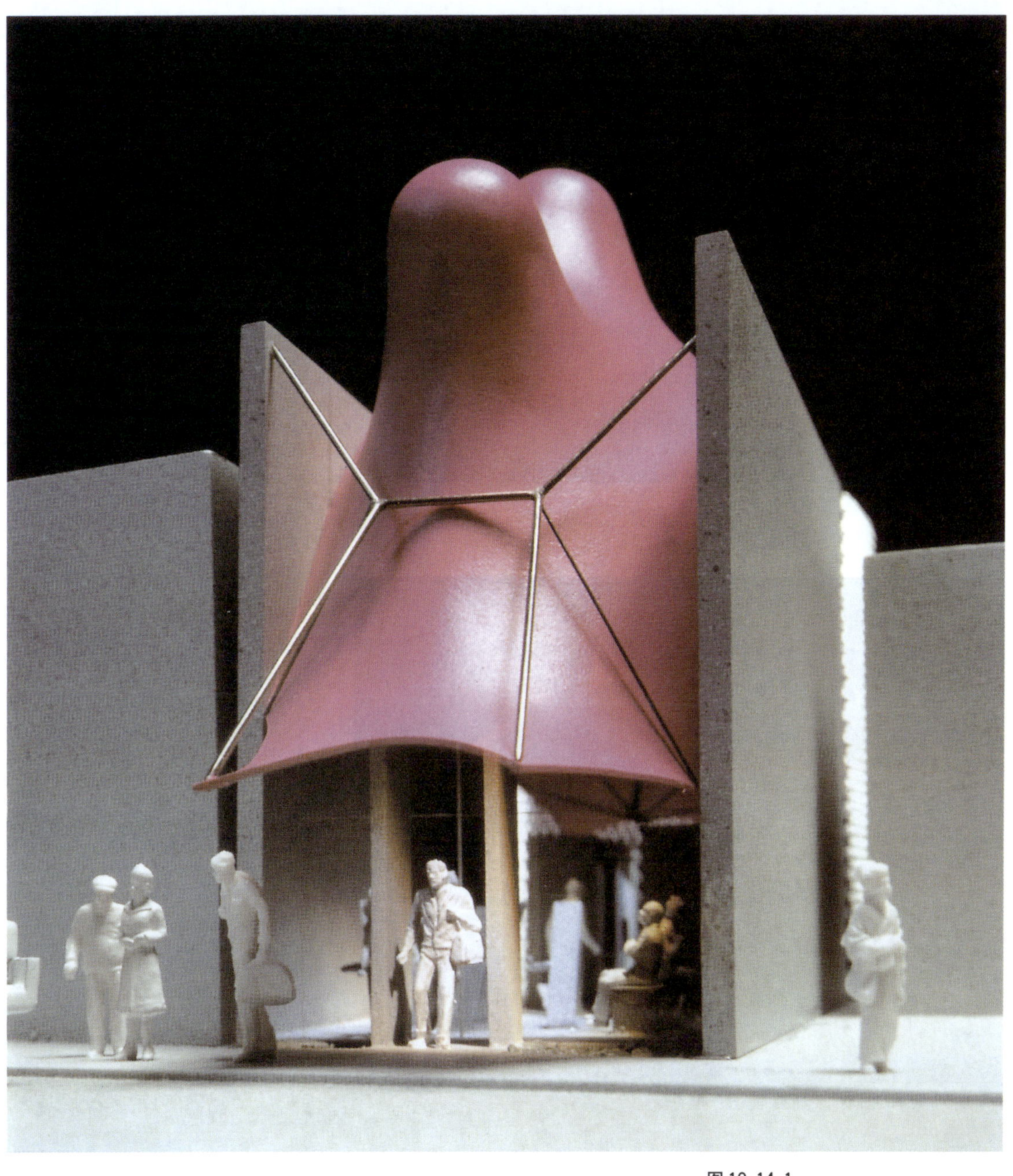

图 10.14.1
模型

图 10.14.2
街道立面

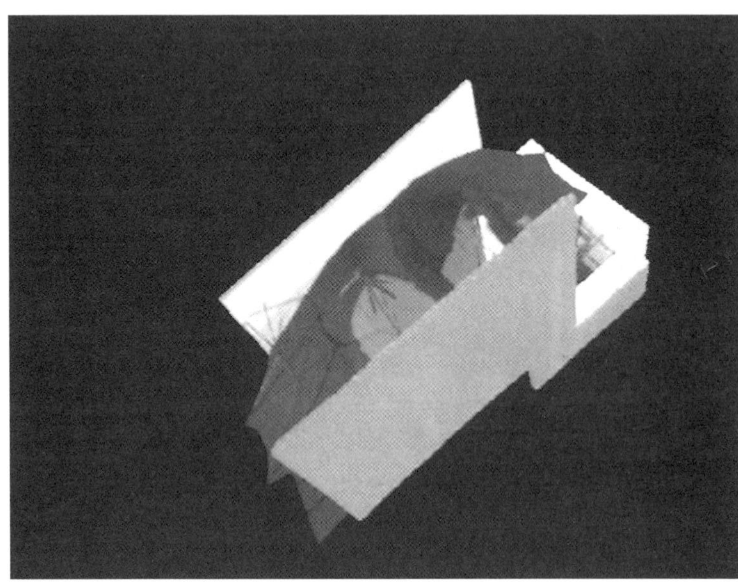

图 10.14.3
计算机生成视图

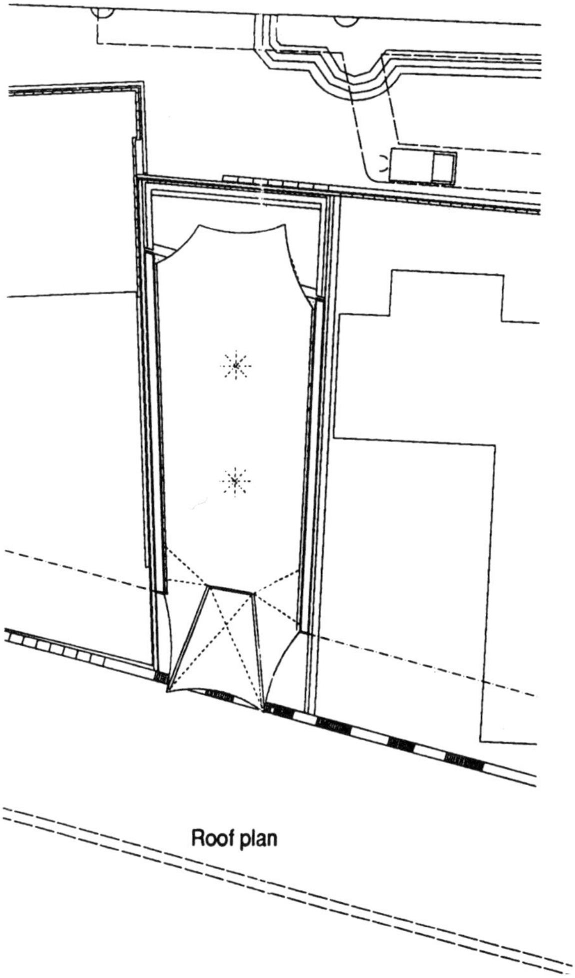

Roof plan

图 10.14.4
屋顶平面图

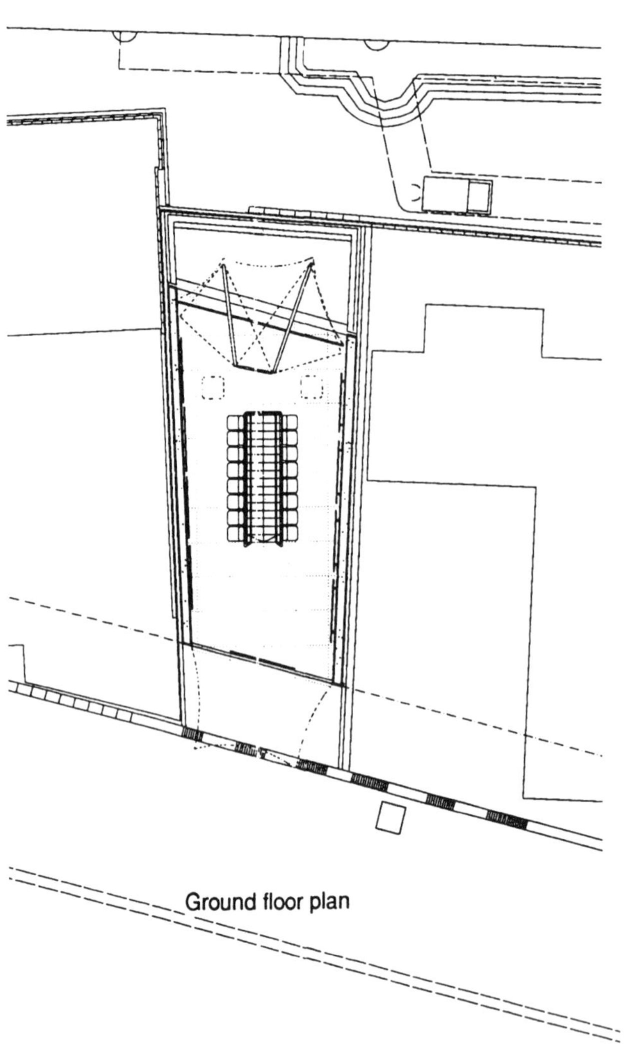

图 10.14.5
平面图

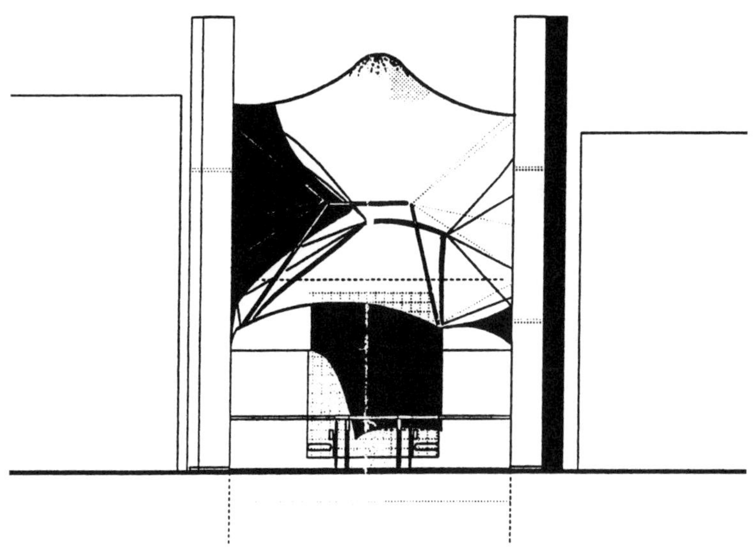

图 10.14.6
立面图

图 10.14.7
从上部看模型

案例研究 15

德国馆，塞维尔

地　点：西班牙，塞维尔
时　间：1992 年
建筑师：Peter Birke，Georg Lippsmeier and Partner
工程师：IPL Ingenieurplanung Leichtbau GmbH

为1992年在塞维尔举办的世界博览会建造的德国馆采用了一种轻型结构元素与一个常规混凝土结构的结合。这个馆必须在很短的时间内和资金十分有限的情况下进行设计和施工。这个临时的结构是为重新统一的德国展览而修建的。整个建筑物包括200个观众席、工作室、管理室、一个大的贵宾区和招待设施。

轻型结构技术的选择是因为需要较低的成本来覆盖较大的空间，并且工期较短。这个轻型结构主要包括一个大的椭圆形遮阳天篷、一个索网立面、一个由空气施加预拉力的薄膜气垫形成的后立面、以及一个覆盖在贵宾区域的张拉薄膜屋顶。

设计中最主要的部分是那个跨越在椭圆形钢框架环上的大充气薄膜气垫。这个环通过连接于中心桅杆的钢索悬挂在22m的高度，中心柱的高度最大约为60m。

设计的后立面是用来阻止太阳光和炎热的夏季西南风进入内部空间。为此，面积为1900m^{2}的立面采用充气式薄膜结构沿全长布置。

索网立面

使用波浪形的索网立面是为了在主展览区形成一个轻型透明的围墙。它为大椭圆形结构下的活动空间提供了一个壮观的背景，同时为外部空间和内部展览区域的视觉接触提供了最大的可能性。

索网隔板是由成对的钢索跨越在两根钢管之间形成，这两根钢管分别位于立面的顶部和底部，共有400多种形状、4000个半透明的聚碳酸酯砖固定在成对的钢索上，覆盖索网面。这个立面高度达到了12.6m，其覆盖长度接近70m。这个明亮的、透明的新型立面形成了内部与外部之间更为直接的联系，并使得整个展览区域成为外部场所活动的背景。

图 10.15.2
屋面板的支承细部

图 10.15.1
透明有机玻璃板的引入使索网结构的使用产生了新的可能性

图 10.15.3
薄膜构件为外部活动区提供了遮蔽处

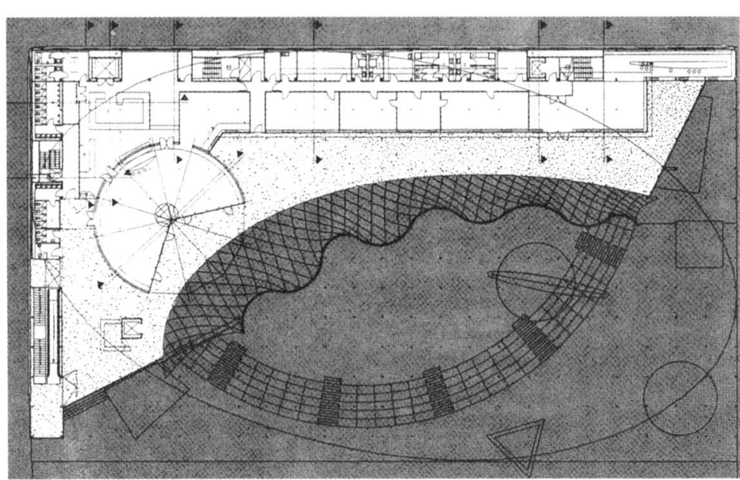

图 10.15.4
平面图

图10.15.5
在塞维尔，索网作为立面元素的应用展示了张拉结构用于波浪形曲面墙的潜能

图10.15.6
计算机生成的图形

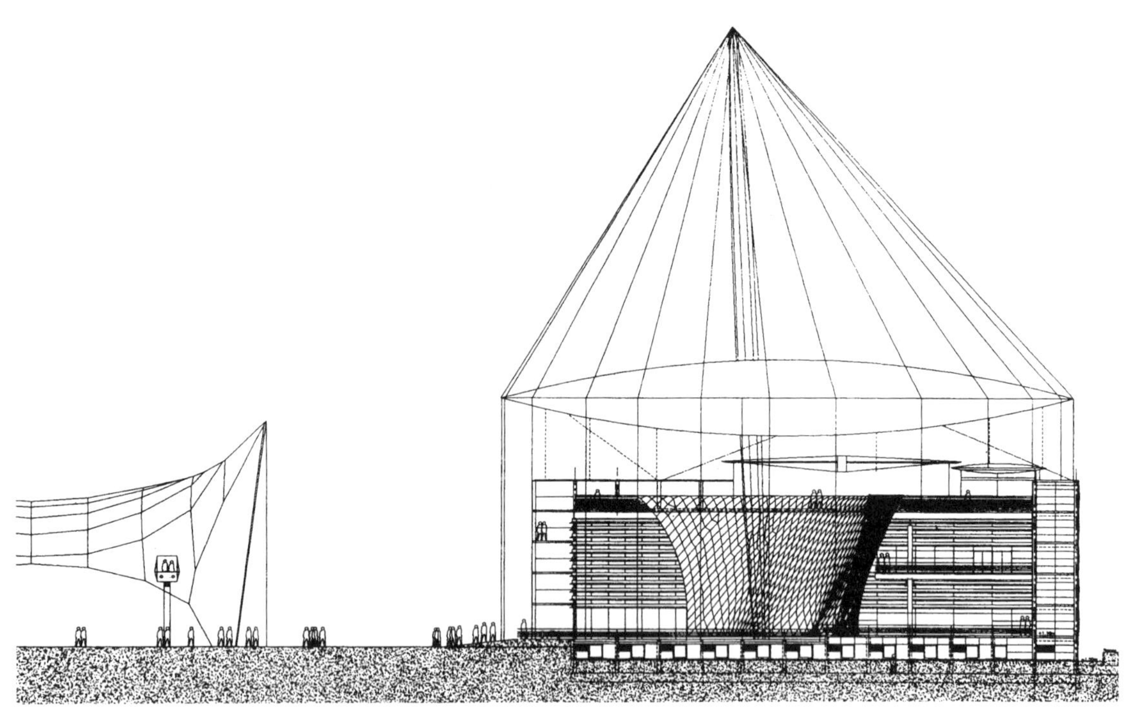

图 10.15.7
立面图

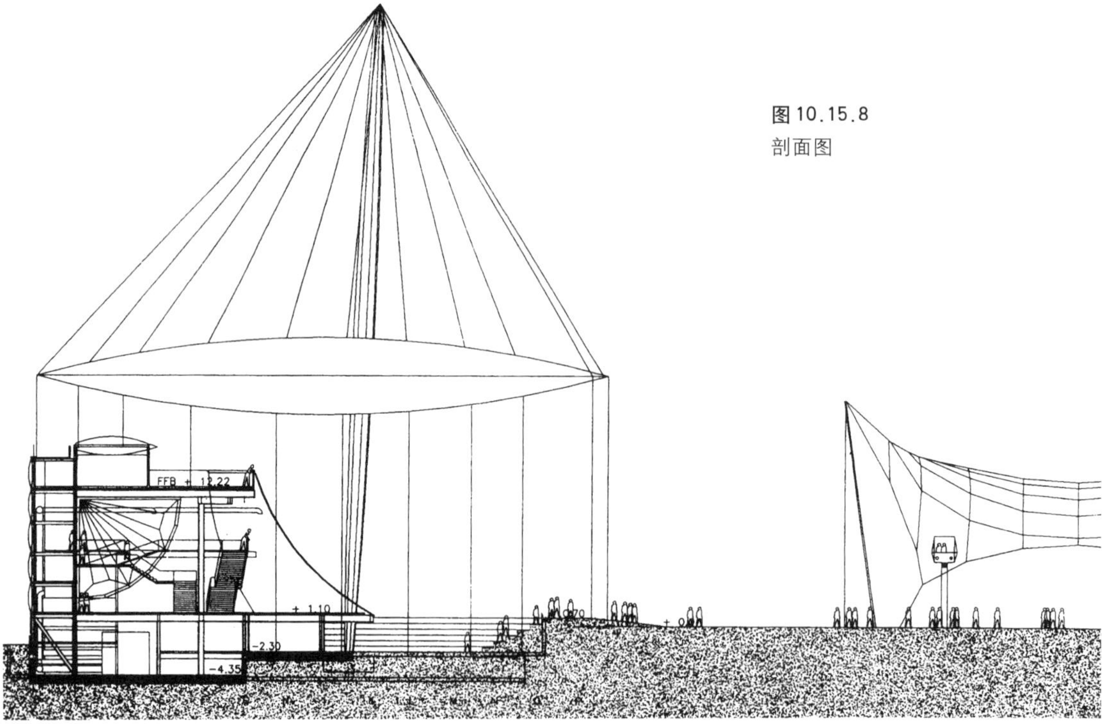

图 10.15.8
剖面图

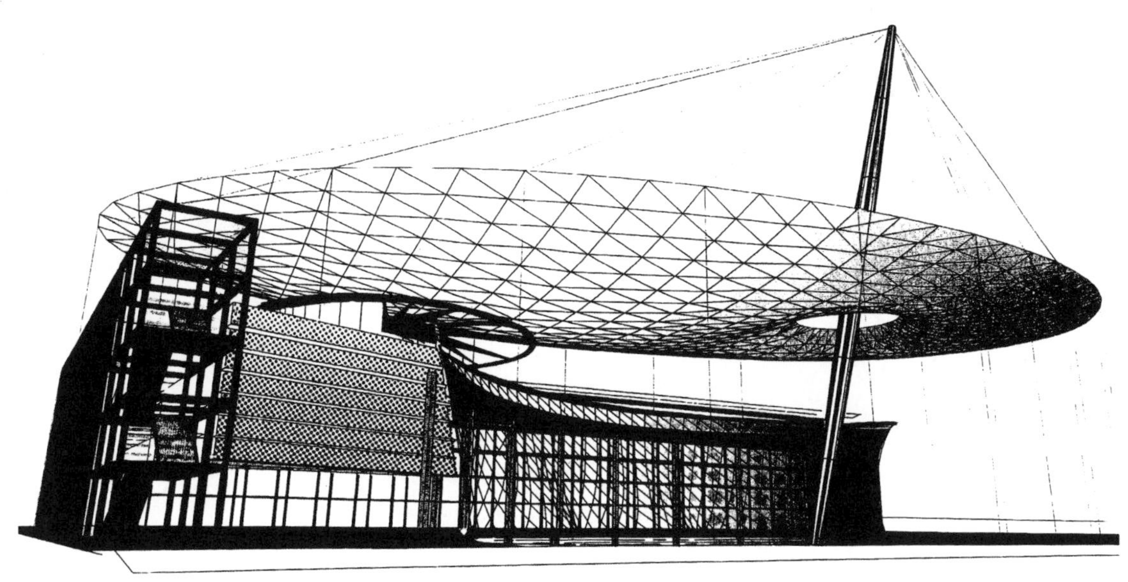

图 10.15.9
透视图

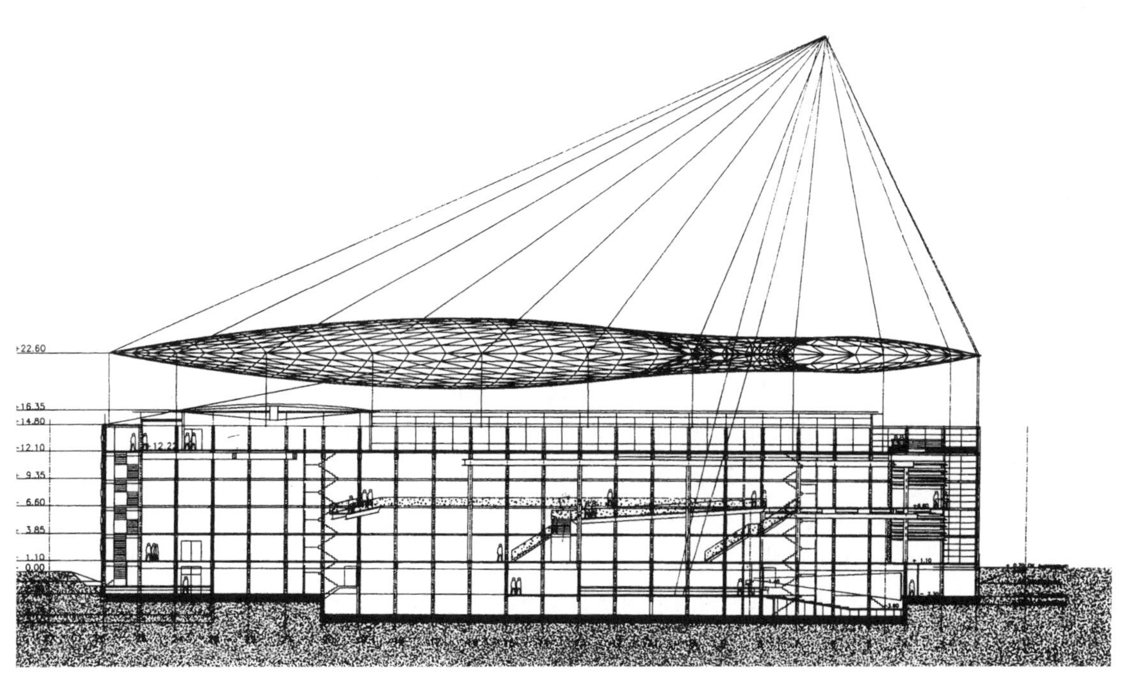

图 10.15.10
纵向剖面图

11 结束语

菲利普·德鲁（Philip Drew）在其所著的《张拉建筑》（*Tensile Architecture*）的结束语中写道：

> 对于张拉建筑的重要性有两种不同的观点：作为现代建筑科技有用的但是有限的新增部分，它可能会消失，或者它能够被看作是一种创造灵活、响应环境的有用方式，这种环境能够适应生活中的变动。

随着在各种建筑中采用张拉结构的增加，将会显示出后一种观点具有一定的依据。张拉建筑在城市中的应用面临着许多挑战，但也有许多机会。在未来的日子里，如果建筑师和工程师成功地合作会创造出更多的张拉建筑，随着张拉结构在城市标准和单体建筑规模上的发展，对张拉结构设计中的机会和困难的理解是必需的。这两种训练都需要进一步对当前张拉建筑的使用的“建筑的机遇与挑战”的理解，技术方面也是一样的。

在试图设计张拉结构（它与常规结构具有完全不同的性能）之前，设计师应该通过模型来进行试验，以获得在结构和美学方面都很好的构思。现代工程师的问题是他们几乎能够设计各种类型的结构，但是很少在他们的工作中采用美学标准来指导他们的设计。建筑师在没有完全理解结构方面影响的情况下设计了一个形状或造型，然后交给工程师去“实现它”，这是很危险的。当前，这是一种理想的方法来设计建筑物。但是，在张拉建筑的设计中采用这种方法时，一个结构令人满意的内在美可能会丢失。就像弗赖·奥托说的：当设计师设计张拉建筑时应该将他的工作看作是发现而不是发明造型。当建筑师和工程师协调工作时，在一个开放式的思想下进行设计就能获得最满意的效果。

一旦掌握了设计技术，预应力的表面结构就能够提供给建筑师一个广泛的特殊空间和技术良机。然而如果这些形状要在传统城市中成功地应用，对直线和曲线形状相结合含义的理解也需要掌握。在密集的城市结构中，常常有一些比较困难的几何问题需要解决。

轻型张拉结构与传统重型结构的结合能够有机会满足复杂城市建筑物的各种需求。

在思想付之于实践的过程中得到一些教训时，张拉建筑的全部潜力才能被认识到。这个教训也能在研究偏爱曲线建筑的历史中学到。这种方法能给直线和曲线相结合的难题以新的启示，并能展示出采用张拉建筑时还没有考虑到的新良机。

城市中的次序

在近几年中，建筑师已经采用了许多类型的建筑，为城市景观增添了色彩。建筑物中关于重点的考虑和主次的要求再次被提出，但是在主要方面，这些已经导致了建筑师采取传统的形式。古典的启示和经过错误处理的建筑物已经太多的出现在我们的城市中，这种类型的建筑物常常在物质和隐喻两个方面表现得都很肤浅。张拉建筑能够提供给我们城市识别和形成特殊建筑物场所的新方法，而不需要具有权利主义寓意的古典方式。具有清晰结构方法的建筑所拥有的城市人性化的潜力，适合于我们民主的和意识方法的时代。

生态问题和未来的应用

环境响应建筑并不是一个新的概念。1967年，巴克敏斯特·富勒和坎布里奇·史蒂文（Cambridge Seven）设想为世界博览会的美国馆建造一个60m高的具有太阳能活动窗的穹顶。今天对建筑物环境方面的要求已不再是简单地规定使用中消耗多少能量。当我们开始理解当前的生产模式施加在环境上的负担时，建筑物采用什么材料和建筑物的组成部分具有多大的循环再利用的潜力，这些问题变得越来越重要。一个建筑物在使用、生产和最后处理时会产生出多少污染也成为一个越来越重要的问题。

在西方世界，我们经历着越来越快的技术变革。随着新建建筑物的平均期望寿命变短，在建筑物建造过程中消耗的能源和建筑物在使用过程中消耗的能源之间的比例正发生着变化。建造一个更为生态的建筑物的方法就是本身在建造过程中消耗较少的能源和材料。张拉结构的发展就是源自于期望更少的消耗（弗赖·奥托在没有新的材料可用的情况下，维修桥梁时产生了采用最少的材料建造建筑物的想法）。平面内施加拉力的结构对于采用最少的材料建造封闭的建筑空间来说具有巨大的潜力，同时皮和骨的建造方法意味着当它们的使用寿命完结时，可以很容易的将其分离以便再利用。

薄膜材料的回收再利用正处于发展中，已经有了能够完全回收再利用的透明卷材。采用可再生材料制造的非合成成熟“膜材”的想法也正在研究中。

不是单独的使用，而是与其他类型的结构相结合时采用轻型薄膜结构能够为解决环境设计方面的问题提供新的方法。未来的建筑物是由永久静止的部分与轻型敏感表皮结构相结合形成的，轻型敏感表皮结构能够“从空气中获得能量”，并在不需要时还给空气。就像维多利亚女王时代女士穿的多层衬裙一样，冬天保持温暖而夏天保持清凉。可适应的、多层的建筑物比当前常规形式的结构更能节省能源。

当我们的关于地球“健康”的意识越来越增强的时候，对于我们生活和工作在其中的建筑物对地球的影响，我们也应该给予更为慎重的考虑，充分利用太阳光的建筑物在节约能源方面更为有效。光线是内部空间与外部空间的必然联系，它能够使居住于其中的人意识到时间和季节的变化。这种意识在今天更为重要，因为人们越来越多的时间是处于建筑物中。技术的发展（目的是为了让我们更加舒适）已使得现代建筑物能够在环境方面符合静态的标准。具有透明/半透明表皮的建筑物能形成一个舒适的内部空间，同时又不会将居住者与外部变化的天气完全隔离，这在心理和生理上都更为健康。

未来？

有些人已经设想在未来的城市里，采用轻型结构来封闭我们的部分城镇，以不让工业污染进入其中，或使居民免于臭氧空洞的影响。在未来的某一天这可能会成为事实，但是现在更应该观察张拉结构技术的应用来说明产生这些问题的原因，而不是在未来去解决这些影响。可持续生活方式的发展可能是今天人类所面临的最急切的问题：如果张拉建筑物在未来可持续的方式中有一定的作用，那么今天的张拉建筑设计师就必须继续去确定它。

英国建筑师理查德·罗杰斯（Richard Rogers）在1992年出席授予彼得·赖斯皇家金质奖章（Royal Gold Medal）时的发言中总结了他对建筑未来的个人观点。彼得·赖斯是一名结构工程师，他对临时张拉建筑的发展具有重要的作用。无论是有意识的还是无意识的，罗杰斯的观点对张拉建筑在未来城市应用中的可能角色给出了一个清晰的提示：

工程师强调封闭空间的是骨架而不是血肉，但若没有这两者，则什么都没有。这种强调区别很可能会发生变化，特别是随着生态活动变得越来越重要，我相信生态活动会对城市和其建筑物未来的形式产生巨大的影响。那些在过去常常基本属于建筑领域的，在未来会属于一个多重的领域，包括建筑师和工程师。

例如，未来最好的建筑将会与气候有动态的相互作用，以便满足使用者的需求和最佳利用能源……。建筑物不再是质量和空间的问题，而是轻型结构的问题，轻型结构重叠的、透明的层将会形成一种形式从而使建筑物成为非物质化的。这个系统的方法使得我们能将世界作为一个独立的整体来欣赏。我们在建筑领域就像其他领域一样，是致力于一个地球的全面生态景观。

参考文献

Alberti, L. B.(1988) *On the Art of Building in Ten Books,* MIT Press, Cambridge, MA and London.

Alexander, C., Ishikawa, S. and Silvestein, M. (1977), *A Pattern Language*, Oxford University Press, New York.

Architectural Design (1987), Engineering and Architecture, Academy Group, London.

Architectural Review (1987) Piano Practice: Picking Up the Pieces, March.

a+u (1989) *Renzo Piano, Building Workshop:* 1964-1988, March, Extra Edition, a+u Publishing, Tokyo.

Banham, R. (1976), *Megastructure: Urban Future of the Recent Past,* Thames and Hudson, London.

Benevolo, L. (1980), *The History of the City,* Scholar, London.

Battle, G. (1991), Membranen für eine temperierte Umwelt, *Arch*+no. 107, March.

Bognar, B.(1990), *The New Japanese Architecture,* Rizzoli, New York.

Brookes, A., Grech, C.(1990), *The Building Envelope,* Butterworth Architecture, London.

Ching, Francis D.K., *Architecture: Form, Space and Order,* Van Nostrand Reinhold, New York.

Cook, P. (ed.) (1991), *Archigram, Birkhäuser,* Basel.

Davis, C. (1988), *High Tech Architecture,* Thames and Hudson, London.

Dini, M. (1984), *Renzo Piano, Projects and Buildings 1964-1983*, Architectural Press, London.

Drew, P. (1972), *Die dritte Generation, Architektur und Prozeβ*, Gerd Hatje, Stuttgart

Drew, P. (1976), *Frei Otto, Form und Konstruktion,* Gerd Hatje, Stuttgart.

Drew, P. (1979), *Tensile Architecture,* Granada, in Grosby Lockwood Staples.

Fleig, K. (1991), *Alvar Aalto,* 4th edn, Architektur Artemis, Zürich.

Glaeser, L. (1972), *The Work of Frei Otto,* Museum of Modern Art, New York.

Global Architecture, (1981), no. 61 ADA Edita, Tokyo.

Gombrich, E. H. (1960), *Art and Illusion: a Study in the Psychology of Pictorial Representation,* Phaidon, Oxford.

Humm, O. (1990), *Niedrig Energie Häuser: Theorie und Praxis,* Ökobuch, Staufen bei Freiburg.

Huntington, C. (1984), Visual Expression in Fabric Structures: The Possibilities and Limitations, *International Symposium on Architectural Fabric Structures:*

The Design Process, Proceedings, Vol. 1, November, Orlando, FL.

Jenkins, D. (1991), *Mound Stand, Lord's Cricket Ground,* Architecture Design and Technology Press, London.

Kutal, A. (1971), *Gothic Art in Bohemia and Moravia,* Hamlyn London.

Otto, F. (1954), *Das hängende Dach,* Ullstein, Berlin.

Otto, F. (ed.) (1962), *Tensile Structures,* MIT Press, Cambridge, MA and London.

Portoghesi, P. (1970), *Roma Barocca,* MIT Press, Cambridge, MA and London.

Piano, R. (1989), *Renzo Piano, Buildings and Projects 1971-1989,* Rizzoli, New York.

Rasmussen, S. E. (1959), *Experiencing Architecture,* The MIT Press, Cambridge, MA.

Rogers, R. (1992), Address at the presentation of the 1992 Royal Gold Medal to the structural engineer Peter Rice.

Stone, P. (1984), Human Requirements Relating to Light and the Visual Environment in Air supported Structures, *The Design of Air-Supported Structures,* Institution of Structural Engineers, Echo Press, Loughborough and London.

Swoboda, K. M. (1969), *Gothik in Boehmen,* Prestel, Munich.

Wilkinson, C. (1991), *Supersheds: the Architecture of Long-Span, Large-Volume Buildings,* Butterworth Architecture, London.

Wilkinson, M. (1984), Lighting within Air-Supported Structures, *The Design of Air-Supported Structures,* Institution of Structural Engineers, Echo Press, Loughborough and London.